Jennifer Willms

Hört nix? – Macht nix!

Leben mit tauben Hunden

Für Jack

KYNOS VERLAG

© 2011 KYNOS VERLAG Dr. Dieter Fleig GmbH
Konrad-Zuse-Straße 3
D-54552 Nerdlen / Daun
www.kynos-verlag.de

Bildnachweis: Alle Fotos Autorin außer:
S. 13 und 47 Daniela Gottmann: S. 16 Alexander Heere; S. 14 und 33 fotolia;
S. 17 (3) Dr. Gerhard Biberauer, www.kleintier-ordination.com;
S. 19 Roel und Piet Beute-Faber: S. 52 Werner Damm; S. 55 Viviane Theby;
S. 56 Tamara Kerbles; S. 59 Simona Peters; S. 61 Anette Otterbach

Gedruckt in Lettland

ISBN 978-3-942335-08-9

Mit dem Kauf dieses Buches unterstützen Sie die
Kynos Stiftung Hunde helfen Menschen.
www.kynos-stiftung.de

Inhaltsverzeichnis

Vorwort

»Behindert ist man nicht, behindert wird man« lautet ein Sprichwort, das oft bei Menschen mit einem Handicap angeführt wird. Diesen Wahlspruch möchte ich mir gerne für mein Buch über taube Hunde ausleihen. Das Wort »behindert« legt nahe, dass ein körperliches Defizit den Hund daran hindert, ein normales Leben zu führen. Auch, wenn dies auf den ersten Blick logisch erscheinen mag: Es ist nicht wahr. Denn es ist eben nicht die Taubheit, die tauben Hunden ein normales Leben verbietet, es ist der Mensch.

Dieses Buch soll Ihnen Mut machen, Ihren tauben Hund so anzunehmen, wie er ist. Es wird Ihnen zeigen, dass seine Behinderung keinerlei Nachteile für ihn darstellt und dass er ein ebenso qualitativ hochwertiges und schönes Leben führen kann wie seine hörenden Artgenossen.

Die Erfahrungen, die in diesem Buch geschildert werden, beruhen auf dem Zusammenleben mit Chocolate, einer tauben Dalmatinerhündin. Der Schwerpunkt dieses Buches liegt daher auf Hunden mit vererbter Taubheit, wobei die meisten Tipps und Tricks jedoch auch ohne weiteres auf Hunde mit alters- oder krankheitsbedingter Taubheit angewandt werden können.

Die Ratschläge auf den folgenden Seiten sind keine allumfassenden und unumstößlichen Weisheiten, sondern sollen lediglich Anregungen darstellen. Ich hoffe, dass Sie für die Erziehung und den Alltag mit Ihrem Hund ein paar Ideen und Motivation aus diesem Buch beziehen können.

Auch wenn es einige Dinge gibt, die Sie beachten müssen: Das Leben mit einem tauben Hund beruht zu einem großen Teil auf demselben Respekt und denselben Umgangweisen, mit denen der Mensch gesunden Hunden begegnen sollte.

Einführung

Am 23. Mai 2002 wurde unsere Chocolate als einer von neun Welpen in der Nähe von Lübeck geboren. Aufmerksam auf sie wurden wir über das Internet auf der Webseite dalmatiner-in-not.de. Ihre Züchterin hatte die kleine Hündin dort eingestellt, da sie aufgrund ihrer Taubheit einen besonders guten Platz für sie suchte. Da wir schon einen Dalmatinerrüden namens Jack zu Hause hatten, war die Entscheidung nach Tagung des Familienrates relativ schnell gefallen: Chocolate zog bei uns ein. Trotz ihrer Taubheit entwickelte sie sich wie ein ganz normaler junger Hund: Sie besuchte die Welpenstunde und absolvierte erfolgreich einen Erziehungskurs in der Hundeschule. Statt auf Zuruf reagiert Chocolate auf Sichtzeichen, das Erlernen neuer Kommandos bereitet ihr sichtlich Freude und manchmal ist sie so übermotiviert, dass sie für ein Leckerli das ganze Repertoire an Tricks auffährt, das sie zu bieten hat. Anders als die meisten Hunde, die einfach alles dafür tun würden, um von Herrchen gestreichelt zu werden, kennt Chocolate ihren Wert sehr genau und würde sich nie »unter Preis anbieten«. Wer kein Leckerli hat, bekommt auch keine Trickvorführung. So einfach ist das. Dabei ist es erstaunlich, wie intelligent sie ist, denn sie zählt regelrecht die Belohnungen, die man in der Hand hält. Für drei Leckerbissen gibt es genau drei Mal die Pfote – ist die Hand leer, dreht sie den Kopf weg und »verweigert« die Arbeit. Nie würde sie darauf reinfallen, wenn Herrchen oder Frauchen nur so tun, als würden sie eine Belohnung für sie in der Hand halten.

Gerade im direkten Vergleich zu unserem Jack fiel der Unterschied zwischen den beiden Charakteren enorm ins Auge. Für Jack starb die Hoffnung zuletzt. Selbst, wenn es nach dem zehnten Mal Pfote geben immer noch nur ein Lob und nichts zu Fressen gab, blieb er treu und gut gelaunt bei der Arbeit. Vielleicht würde ja doch noch ein Leckerli in der Hand auftauchen.

Anders bei unserer Chocolate. Dadurch, dass sie als tauber Hund stärker darauf angewiesen ist, ihre Umwelt zu beobachten, weiß sie immer gleich, ob es wirklich etwas Lohnenswertes – und für Chocolate sind Leckerlis die einzige wertvolle Währung – zu verdienen gibt oder nur eine Streicheleinheit, die sie ja schließlich auch ohne »Arbeitseinsatz« einfordert. Chocolate ist eine starke Hundepersönlichkeit, die genau weiß, was sie will – und auch wie sie es bekommt. Ist ihre Wasserschüssel leer oder das Wasser erscheint ihr nicht mehr gut genug, klopft sie mit der Pfote dagegen, damit das Menschenpersonal ihr etwas Frisches zu trinken reichen kann. Möchte sie gestreichelt werden und schmusen, springt sie trotz ihrer Größe und einem Gewicht von immerhin 25 Kilogramm einfach auf den Schoß des auserwählten Menschen.

Besonders gern hat sie es, wenn man ihr die Augen zuhält, wenn sie ein Schläfchen auf dem Schoß hält.

Chocolate ist mittlerweile acht Jahre alt und eine wunderbare Hundedame. Ihre Taubheit behindert sie nicht im Geringsten, sie lebt ein ganz normales Hundeleben.

Baby Chocolate im Garten

Todesurteil Taubheit?

Lange Zeit war es gängige Praxis, taube Hunde zu töten. Welpen, die »Glück hatten«, wurden eingeschläfert, andere erschlagen oder ertränkt. Taube Hunde galten als Ausschussware, da man sie schlechter zu Geld machen konnte. Schließlich waren sie nicht perfekt – und wer legt sich schon beschädigte Ware zu? Dazu kamen Vorurteile und der Irrglaube, taube Hunde seien aggressiv, dumm und/oder verhaltensgestört. Mit der Stärkung des Tierschutzes auf gesetzlicher Basis geht die Zahl der getöteten Hunde in den letzten Jahren, Gott sei Dank, kontinuierlich zurück. Die Erfahrungen vieler Hundehalter zeigen, dass taube Hunde ein ebenso lebenswertes Dasein führen können wie hörende Hunde. Taubheit stellt für den Hund kein schweres Leiden dar, es fügt ihm keine Schmerzen zu und schränkt sein Leben nicht derart ein, dass es nicht lebenswert wäre. Damit ist das Töten tauber Hunde nach dem Tierschutzgesetz eine Straftat, die mit Freiheitsentzug und Geldbuße geahndet werden kann.[1] Natürlich bedeutet dies nicht, dass alle tauben Hunde gerettet sind. Leider gibt es viele unseriöse Vermehrer, die ohne Rücksicht auf die Gesundheit der Tiere Nachwuchs produzieren, um ihn möglichst gewinnbringend zu verkaufen. Gerade beliebte Rassehunde wie der Dalmatiner sind von dieser Praxis betroffen. Da bei der Auswahl der Elterntiere die Sorgfaltspflicht des Züchters stark oder gänzlich vernachlässigt wird, kommt es immer wieder vor, dass Taubheit an die Welpen vererbt wird. Behinderte Welpen werden in diesem Milieu immer noch häufig als Ausschussware getötet. Andere werden verkauft, ohne die neuen Besitzer über die Taubheit des Welpen aufzuklären, teils weil aufgrund mangelnder tierärztlicher Versorgung die Taubheit erst gar nicht entdeckt wurde, teils aus reiner Profitgier.

Wer mit dem Gedanken spielt, sich einen Hund als Lebensgefährten anzuschaffen, sollte daher in jedem Fall nur bei einem seriösen Züchter kaufen oder sich bei einem Tierschutzverein umsehen, bei dem er umfassend und wahrheitsgemäß beraten wird.

So erkennen Sie seriöse Züchter

In die Auswahl des richtigen Züchters sollten Sie als Hundeliebhaber einige Zeit investieren. Ansonsten laufen Sie rasch Gefahr, an einen unseriösen Tiervermehrer zu geraten. Auf Wochenmärkten oder in Massenzuchten werden häufig Welpen ange-

---

[1] § 1 TschG: (...) Niemand darf einem Tier ohne vernüftigen Grund Schmerzen, Leiden oder Schäden zufügen. § 17 TSchG: Mit Freiheitsstrafe bis zu drei Jahren oder mit Geldstrafe wird bestraft, wer (...) ein Wirbeltier ohne vernünftigen Grund tötet.

boten, im osteuropäischen Ausland locken Händler nicht selten mit Rassehunden zu Schnäppchenpreisen. Diese Tiere werden jedoch meist unter hygienisch und tierschutzrechtlich mangelhaften Bedingungen gehalten. Viele Welpen werden schon in ihren ersten Lebenswochen durch halb Europa verschifft. Viel zu früh werden sie vom Muttertier getrennt und lernen weder ein normales Sozialverhalten gegenüber Artgenossen geschweige denn gegenüber uns Menschen. Nicht selten werden diese »Billighunde« verhaltensauffällig, viele sind ernsthaft krank und sterben in den ersten Lebensmonaten.

Auch wenn dieses Buch zeigen soll, dass ein Leben mit tauben Hunden ebenso unkompliziert sein kann, wie das mit einem gesunden Hund: Taubheit sollte so vielen Tieren wie möglich erspart bleiben. Leider achten Tiervermehrer jedoch nicht darauf, ob sie taube Hunde in ihrer Zucht nutzen – und so wird die Behinderung von Generation zu Generation weitergegeben.

Kaufen Sie einen Welpen daher am besten bei einem Züchter, der einem deutschen Rassehundverein angeschlossen ist. Beim Verband für das Deutsche Hundewesen (VDH) können Sie sich über Züchter und Zuchtvereine informieren, die nach tierschutzorientierten Regeln und unter strengen Kontrollen züchten.

Natürlich kann es auch bei seriösen Züchtern immer mal wieder einen tauben Welpen im Wurf geben. Für diese Schützlinge werden sie in der Regel ganz besonders vertrauenswürdige Menschen suchen. Bei seriösen Züchtern können Sie sich sicher sein, dass Sie ausgiebig informiert werden und man Ihnen mit Rat und Tag zur Seite stehen wird.

Mithilfe dieser Checkliste können Sie vertrauenswürdige Züchter ganz einfach von unseriösen unterscheiden:

1. Vorsicht bei Zeitungsinseraten und Internetangeboten, wenn dort gleichzeitig verschiedene Hunderassen angeboten werden. Seriöse Züchter konzentrieren sich auf eine, maximal zwei Rassen, um ihren Schützlingen optimal gerecht zu werden.

2. Seriös ist, wer nichts zu verbergen hat. Bestehen Sie am besten darauf, die Welpen bereits in ihren ersten Lebenswochen ein oder mehrmals zu besuchen. So lernen Sie nicht nur Ihren zukünftigen Mitbewohner frühzeitig kennen, sondern können sich selbst ein Bild von den Haltungsbedingungen des Züchters machen.

3. Die Zuchtanlage sollte einen sauberen und gepflegten Eindruck auf Sie machen.

4. Ein guter Züchter vertraut seine Welpen nicht jedem an. Er wird sich bei Ihnen nach Ihren Lebensumständen und dem zukünftigen Zuhause seines Hundes erkundigen und Sie auf Herz und Nieren prüfen.

5. Seriöse Züchter geben ihre Welpen erst nach der achten Lebenswoche ab. Zu diesem Zeitpunkt sind sie geimpft, entwurmt und eindeutig gekennzeichnet (Mikrochip oder Tätowierung). Über den Gesundheitszustand und den Werdegang der Welpen führt er genauestens Buch.

6. Vertrauen Sie auf Ihr Bauchgefühl: Machen die Welpen einen gesunden und lebhaften Eindruck auf Sie? Laufen sie Ihnen freudig entgegen und zeigen Interesse an Ihnen?

7. Misstrauisch sollten Sie immer dann werden, wenn Ihnen das Muttertier nicht gezeigt werden kann. Akzeptieren Sie keine Ausreden (»Die Hündin ist gerade beim Tierarzt, im Nebenraum, bei Freunden ...«)!

Noch ein Hinweis: Wenn Sie sich sicher sind, dass jemand, den Sie kennen, taube Hunde einschläfern lässt oder auf andere Weise tötet, zögern Sie nicht, den zuständigen Amtsveterinär oder aber auch den Deutschen Tierschutzbund (www.tierschutzbund.de) einzuschalten. Diese Handlungen verstoßen gegen das deutsche Tierschutzgesetz und sollten nicht ungestraft bleiben. Auch anonyme Hinweise sind besser als Wegschauen!

Kastration

Sollte Ihr tauber Hund noch nicht kastriert sein, sollten Sie ernsthaft darüber nachdenken und mit Ihrem Tierarzt darüber sprechen. Genetische Taubheit wird von Generation zu Generation weitervererbt. Die Kastration tauber Tiere kann dies verhindern. Mit der Frühkastration einer Hündin – das heißt eine Kastration vor der ersten Läufigkeit – senken Sie zudem das Risiko, dass Ihr Vierbeiner später an Gesäugetumoren leiden könnte auf etwa 0,5 Prozent. Der Unterschied ist immens: Bereits nach der zweiten Läufigkeit beträgt die Wahrscheinlichkeit, dass Ihr Hund Mammatumore entwickelt bereits ganze 26 Prozent! Auch Entzündungen der Gebärmutter und der Eierstöcke können durch die Frühkastration verhindert werden.

Die Kastration von Hündin und Rüde ist mittlerweile ein reiner Routineeingriff, der Ihr Tier weder in seiner körperlichen noch in seiner geistigen Entwicklung einschränken wird. Im Gegenteil bringt die Frühkastration erhebliche gesundheitliche Vorteile für Ihren Hund. Natürlich ist die Kastration ein klarer Eingriff in die Natur, lassen Sie sich daher unbedingt von einem Tierarzt ausführlich über diesen Schritt beraten.

Für mehr Ethik in der Hundezucht – Interview mit Daniela Gottmann

Um Ihnen einen Einblick in die Problematik der vererbbaren Taubheit bei Hunden zu geben, habe ich ein kurzes Interview mit Chocolates Züchterin Daniela Gottmann geführt. Daniela Gottmann, Jahrgang 1966, ist Ärztin, verheiratet und hat vier Kinder. Seit 1996 gehören Dalmatiner zu ihrem Leben – ihre erste Hündin Cookie war die Oma von Chocolate. Momentan leben Amica (11 Jahre und Chocolates Mutter) und Elvis (2 Jahre) in ihrer Familie. In ihrer VDH-Zuchtstätte »Dalmatiner von der Palinger Heide« fielen zwischen 1999 und 2008 fünf Würfe mit insgesamt 44 Welpen. Chocolate war der erste und bislang einzige taube Welpe.

1. **Was sind Ihre persönlichen Beobachtungen in Bezug auf den Umgang mit tauben Welpen/Hunden in deutschen Zuchtverbänden? Wie hat sich die Situation in den letzten Jahren verändert?**

Früher wurden unerwünschte Welpen ausgemerzt, das heißt getötet. Bei den Dalmatinern waren dies Hunde mit Platten[2], Blauaugen und Taubheit. In der Vergangenheit wurden in den Rassezuchtvereinen unerwünschte Welpen meist nicht großgezogen, das heißt in der Regel getötet. Dies betraf »fehlerhafte« Welpen, deren »Mangel« bei Geburt äußerlich erkennbar war. Bei tauben Welpen lässt sich ihr Defekt frühestens mit Einsetzen des Hörvermögens, also um die zweite Lebenswoche, erkennen. Das waren dann die Tiere, die nach einem Monat »plötzlich verstorben« sind.

Es gab in den Zuchtverbänden eine Vermarktungsstrategie, dass man nur fehlerfreie Welpen verkaufen wollte. Erst durch die Verankerung des Tierschutzes im Grundgesetz (Art. 20a) musste davon abgerückt werden, und durch die verpflichtende audiometrische Untersuchung aller Würfe wurden nun auch alle tauben Welpen erkannt. Nach meiner Einschätzung hat sich bei vielen Züchtern ein Wandel vollzogen in Bezug auf den Umgang mit tauben Welpen: Waren es früher, vor Einführung

---

[2] Dalmatiner werden mit einem scheinbar weißen Fell geboren. Die charakteristischen Tupfen entwickeln sich erst später. Bei Platten handelt es sich um größere schwarze Flecken, die bereits bei der Geburt des Hundes sichtbar sind.

der Audiometrie im Jahr 1995, nur wenige taube Hunde, die den Züchtern versehentlich »durchgerutscht« sind, da sie deren Taubheit nicht bemerkt haben, so gibt es heute bei vielen auch ein Verantwortungsbewusstsein für die tauben Welpen, die dann passend vermittelt werden.

2. **Was würden Sie sich in Bezug auf den Umgang mit tauben Welpen von den Zuchtverbänden wünschen?**

Ich wünsche mir einen klaren Hinweis darauf, dass es ein Verstoß gegen das Tierschutzgesetz ist, wenn man ein Tier, das nicht leidet, tötet! Außerdem eine Stellungnahme zu der Tatsache, dass man als Züchter natürlich auch Hunde hervorbringt, die nicht perfekt sind, und dass man für diese Tiere genauso Verantwortung zu übernehmen hat.

Die Zuchtverbände sollten eine klare Position zum Umgang mit tauben Welpen beziehen, die in Einklang mit dem Tierschutzgesetz steht. Danach darf kein tauber Welpe getötet werden, da er wegen seiner Taubheit nicht leidet. Hier sollte eine züchterische Ethik nicht nur gefordert, sondern deren Einhaltung auch kontrolliert werden.

3. **Wie sieht Ihre persönliche Erfahrung mit tauben Hunden aus?**

Bislang habe ich nur mit Chocolate eigene Erfahrungen sammeln können.

4. **Wie haben Sie gemerkt, dass Chocolate »anders« war als die übrigen Welpen?**

Es war mir sehr früh, mit Einsetzen des Hörvermögens der Welpen, klar, dass bei Chocolate etwas anders war als bei ihren Geschwistern. Sie war ein ausgesprochen fittes und agiles Hundemädchen, ließ sich aber auf akustische Reize kaum zu einer Reaktion bewegen. Da ich meine Welpen sehr viel und genau beobachte und mich intensiv mit ihnen beschäftige, war der Unterschied sehr schnell erkennbar. Besonders in Situationen, bei denen sie sich nicht an ihren Geschwistern orientieren konnte, war dies immer deutlicher sichtbar. Wenn die Kleinen tief schliefen und man ein lautes Geräusch erzeugte, gingen alle Köpfchen in die Höhe – bis auf einen ... Beim Füttern waren alle Welpen immer schnell zur Stelle, wenn ich meine Lockrufe machte; nur Chocolate machte mit dem weiter, was sie gerade tat, zumindest bis sie merkte, dass es Futter gab. Dabei lernte sie natürlich im Laufe der Zeit, sich an ihren Geschwistern zu orientieren, so dass die Reaktion nicht immer so deutlich ausfiel.

Eigentlich ist man als Dalmatinerzüchter auf das Problem der eventuellen Taubheit bei seinen Welpen sensibilisiert und unterzieht diese immer wieder diversen Tests zur Überprüfung des Hörvermögens.

5. Hat sich der Umgang mit Chocolate geändert, nachdem bei ihr Taubheit diagnostiziert war?

Eigentlich nicht; da mir schon Wochen vor der audiometrischen Untersuchung bewusst war, dass sie taub ist, haben wir sie vermehrt auf taktile und visuelle Reize trainiert. Für die ersten einfachen Kommandos war es wichtig, dass sie sich auf uns konzentrierte und uns ansah, damit sie ein Sichtzeichen erhalten konnte. Dies haben wir sehr gefördert und konnten darauf beim Training aufbauen. Wir begannen auch mit einer Art »Desensibilisierung«: So wurde sie vermehrt von uns in allen möglichen Situationen für sie überraschend berührt.

Dies taten wir, damit sie nicht stark auf solche, für sie plötzlich einsetzenden Reize reagiert (sie konnte ja nicht wie hörende Welpen bemerken, dass sich ihr jemand nähert; wobei die Wahrnehmung auf anderen Ebenen natürlich auch noch stattfindet und taube Hunde Vibrationen stärker wahrzunehmen scheinen als hörende Hunde – quasi zum Ausgleich für das nicht vorhandene Gehör).

6. Was würden Sie Besitzern von tauben Hunden raten?

Optimal wäre es, sich vor der Anschaffung eines tauben Hundes umfassend zu informieren und sich den Unterschied zu einem hörenden Hund klar zu machen. Man sollte sich insbesondere Gedanken zu Erziehung (z. B. welche Sichtzeichen man verwenden will) und Alltagsleben (den Hund in unsicheren Situationen lieber anzuleinen etc.) machen. Wenn es möglich ist, den Kontakt zu Haltern eines tauben Hundes aufzunehmen, hilft das oft sehr: Diese wissen natürlich am besten über das Leben mit einem »Täubchen« Bescheid.

Medizinisches

Werfen wir zunächst einen kurzen Blick auf die ersten sieben Wochen in der Entwicklung eines gesunden Welpen: In der ersten und zweiten Lebenswoche sind sowohl die Augen als auch die Ohren der Welpen noch geschlossen. Da auch der Geruchssinn noch nicht vollständig entwickelt ist, orientieren sich die Kleinen vor allem durch den Tastsinn. Mit seiner Hilfe erreichen sie die Zitzen der Hündin und spüren die Nähe der Mutter und ihrer Geschwister. Obwohl sich bereits in der dritten Lebenswoche Augen und Ohren öffnen, dauert es noch ein paar Tage, bis die Welpen ihre Umwelt vollständig wahrnehmen können. In der vierten bis siebten Lebenswoche sind dann alle Sinne ausgereift und die Welpen werden mit den unterschiedlichsten Eindrücken geradezu bombardiert. Angeborene Taubheit kann also erst in diesem Alter zuverlässig festgestellt werden.

In der ersten und zweiten Lebenswoche sind sowohl die Augen als auch die Ohren der Welpen noch geschlossen.

Interview mit Tierarzt Alexander Heere

Alexander Heere praktiziert als Tierarzt in der Nähe von Hamburg. Seine Interessenschwerpunkte sind Audiometrie und Präventivmedizin.

1. **Welche Ursachen von Taubheit bei Hunden gibt es?**

Es gibt verschiedene Ursachen für Taubheit bei Hunden. Zum einen kann es sich um einen angeborenen genetischen Defekt handeln. Zum anderen kann Taubheit erworben sein. Als Gründe gibt es zum Beispiel Verletzungen des Trommelfells, Tumorwachstum oder auch sogenannte ototoxische Medikamente, also Mittel, die eine negative Wirkung auf die Hörnerven haben, den Hörsinn schädigen und zu Taubheit führen können.

2. **Wieso trifft genetische Taubheit überwiegend Hunde mit weißem oder überwiegend weißem Fell?**

Man vermutet, dass hier eine Art Gendefekt vorliegt. Ein Allel, welches für die weiße Farbe des Felles zuständig ist, ist vermutlich gleichzeitig für eine nicht korrekte Ausbildung der Hörnerven zuständig. Also je weißer ein Hund ist, desto wahrscheinlicher ist eine Taubheit. Prof. Distel an der Tierärztlichen Hochschule Hannover führt hierzu im Moment Blutuntersuchungen durch, in der Hoffnung eines Tages mittels eines zukünftigen Bluttest zu prüfen, ob Tiere eine solche Anlage besitzen. ... [3]

3. **Welche verschiedenen Methoden gibt es, um Taubheit bei Hunden festzustellen?**

Schon die Besitzer können ihren Hund auf Taubheit testen, beispielsweise indem sie in die Hände klatschen und auf die Reaktion des Hundes achten. Damit lässt sich eine einseitige Taubheit allerdings nicht ausschließen. Ein solches Tier reagiert zwar auf akustische Reize, kann aber den Schall nicht orten. Die sicherste Methode ist und bleibt jedoch die Audiometrie[4], bei der mittels EEG (Elektroenzephalogramm) die Nervenimpulse gemessen werden.

---

[3] Anmerkung der Autorin: Auch Chocolate hat an der Studie »Genetische Aufklärung der kongenitalen Taubheit beim Hund« von Prof. O. Distl an der Tierärztlichen Hochschule Hannover durch eine Blutabnahme teilgenommen.
Mehr Informationen unter: http://www3.tiho-hannover.de/cgi/forsch_search_t3.cgi?p=25000454&st=
[4] Mehr zum audiometrischen Verfahren: James W. Hall: New Handbook of Auditory Evoked Potentials. Pearson, Boston, Mass. 2006
Konrad Maurer, Nicolas Lang, Joachim Eckert: Praxis der evozierten Potentiale. Steinkopff-Verlag, 2005

4. Ab welchem Lebensalter ist es sinnvoll, eine Audiometrie durchzuführen?

Deutsche Hundezuchtvereine, die dem VDH angeschlossen sind, schlagen sie ab der achten bis zwölften Lebenswoche vor. Vorher ist es meiner Meinung nach oft nicht sinnvoll, da die Tiere neurologisch noch nicht völlig ausgereift sind. Die Audiometrie wird aber auch bei älteren Tieren vorgenommen, wenn zum Beispiel der Verdacht einer erworbenen Taubheit vorliegt.

5. Was genau passiert beim Audiometrieverfahren?

Die Tiere müssen für die Untersuchung sediert beziehungsweise in Narkose gelegt werden, um das EEG von äußeren Einflüssen möglichst abzuschirmen. Ein einfaches Ohrwackeln kann schon das Ergebnis verfälschen. Dem Tier werden dann je nach Gerät drei bis vier Elektroden an dem Kopf angebracht. Entweder mit Pflaster oder mit kleinen Nadelelektroden. Dann wird dem Tier ein Klickgeräusch via Kopfhörer oder Ohrstöpsel zugeführt. Man kann dann im EEG – wenn nicht taub – entsprechende Ausschläge sehen die durch Reizung der Nerven entstehen. Das Bild sieht ähnlich wie ein EKG aus, also eine Kurve mit Ausschlägen. Uns interessiert dabei, ob alle Ausschläge – sogenannte Peaks – sichtbar sind, wie hoch die Ausschläge sind und wie groß der Abstand zwischen diesen Peaks ist.

6. Wie genau ist die Audiometrie?

Die Audiometrie ist sehr genau. Sie erlaubt es taube von ein- oder beidseitig hörenden Hunden zu unterscheiden. Man kann zum Beispiel das Vorhandensein eines Tumors der auf die Hörbahn drückt relativ genau lokalisieren oder ob ein Patient schwer, verzögert, gar nicht oder nur einseitig hört.

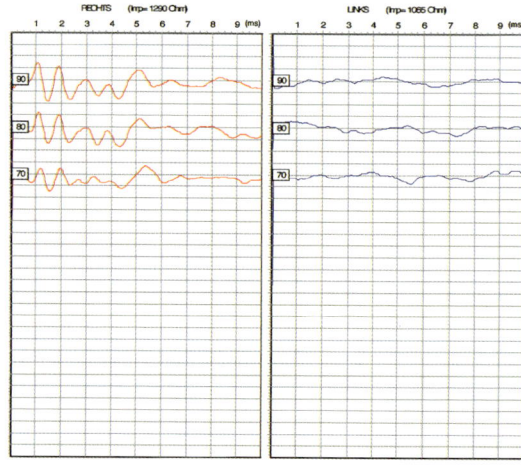

Die Ausschläge verraten dem Tierarzt ähnlich einem EKG, ob und wie gut ein Hund hören kann.

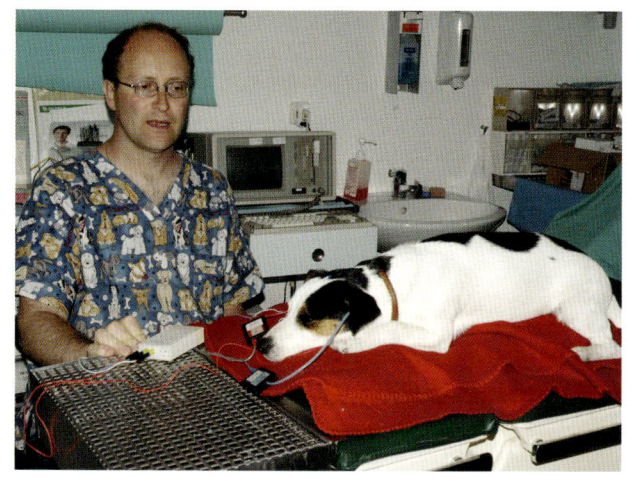

Um ein unverfälschtes Ergebnis zu bekommen, muss der Hund in Narkose gelegt werden.

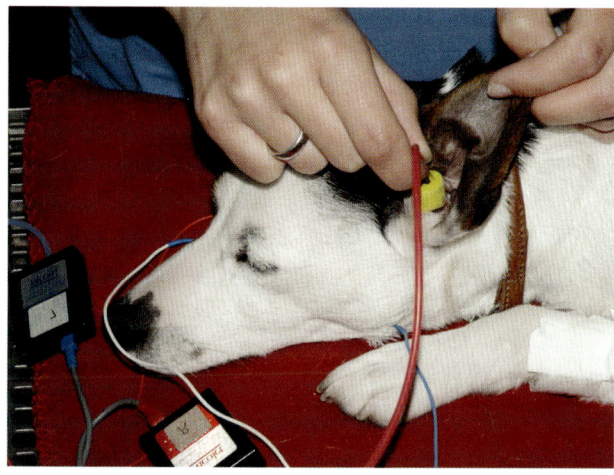

Zur Messung werden drei bis vier Elektroden am Kopf des Tieres angebracht.

Mithilfe eines Klickgeräusches über Kopfhörer misst der Tierarzt anschließend die Reizung der entsprechenden Nerven.

Selbsttest

Auch zuhause können Sie Ihren Welpen mit ein paar ganz einfachen Methoden auf Taubheit testen. Bedenken Sie aber bitte, dass diese Mittel keine klare, hundertprozentige Aussagekraft besitzen. Auch wenn Ihr Hund auf all Ihre Tests reagiert hat, kann er trotzdem taub sein. Taube Welpen lernen früh, ihr Handicap mit anderen Sinnen sozusagen auszugleichen. Feine Luftzüge und kleinste Erschütterungen nehmen wir Menschen meist gar nicht wahr, taube Hunde jedoch achten sehr stark darauf.

Daher macht es wenig Sinn, Ihren Hund auf Taubheit zu testen, indem Sie in direkter Nähe auf den Boden stampfen oder in die Hände klatschen. Ihr Hund wird das entstehende Geräusch zwar nicht hören, reagieren wird er jedoch trotzdem.

Versuchen Sie stattdessen, Ihren Hund auf Geräusche hin zu testen, die von »außerhalb« kommen und sich nicht verraten können. Wenn Ihr Hund nie auf bellende Hunde (die er nicht sehen oder riechen kann – lassen Sie also zum Beispiel eine Sendung über Hunde im TV laufen), auf die Türklingel, auf Ihr Rufen aus einem ihm nicht einsichtigen Ort oder das Klappern mit der gewohnten Futterschüssel in einem anderen Raum reagiert, können dies beim mehrmaligen Auftreten Anzeichen dafür sein, dass Ihr Hund taub ist.

Endgültige Klarheit kann jedoch immer nur eine Audiometrie bringen!

Kleiner Überblick über das Hundeohr

Das Hundeohr besteht aus Ohrmuschel, Innenohr und Mittelohr und ähnelt damit in Bau und Funktion dem menschlichen Ohr. Die Ohrmuschel ist der knorpelige Teil des Außenohres, das der Hund mit 17 Muskeln bewegen kann. Das Mittelohr schließt sich an das mittels des äußeren Gehörganges mit der Ohrmuschel verbundenen Trommelfells an. Hier befinden sich die Gehörknöchelchen Hammer, Steigbügel und Amboss, die auf das Trommelfell treffende Schwingungen aufnehmen und an das Innenohr leiten. Im Innenohr sitzen die Hörschnecke, in welcher der Schall mithilfe einer Membran in Nervenimpulse umgewandelt wird, und auch das Gleichgewichtsorgan des Hundes.

Zwar variiert die Größe des Hundesohres je nach Rasse, dennoch hören Hunde zumindest im Bereich der hohen Töne 2-3 mal besser als wir Menschen. Das macht bis zu 50.000 Schwingungen in der Sekunde. Tiefe Töne können die Vierbeiner in etwa so gut erkennen wie wir. Viele Hunderassen sind noch heute in der Lage, ihr Ohr wie einen Hörtrichter auszurichten, bei anderen ist diese Funktion des Ohres durch die Züchtung über die Jahrzehnte verloren gegangen.

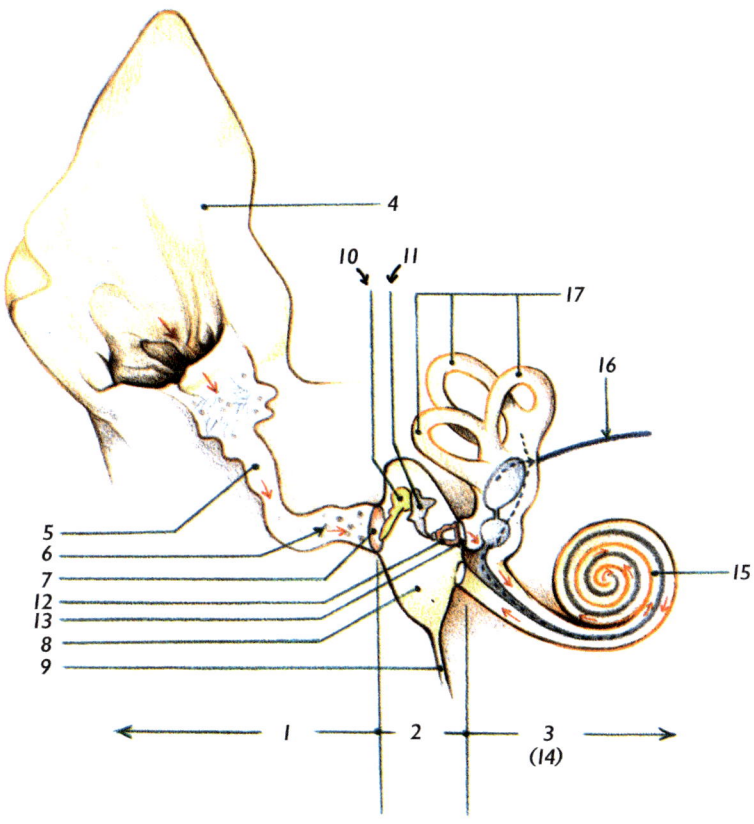

1	äußeres Ohr	10	Hammer
2	Mittelohr	11	Amboss
3	inneres Ohr	12	Steigbügel
4	Ohrmuschel	13	ovales Fenster
5	Gehörgang	14	Irrgarten, Labyrinth
6	Talgdrüse	15	Schnecke
7	Trommelfell	16	Hörnerv
8	Paukenhöhle	17	halbkreisförmige Bogengänge
9	Eustachische Röhre		

Interview mit Dr. med. vet. Matthias Brühl

Dr. med. vet. Matthias Brühl praktiziert als Kleintierarzt in Koblenz und behandelt auch unsere Chocolate. Obwohl sie momentan der einzige taube Hund unter seinen Patienten ist, fühlen wir uns immer optimal beraten. Stellen Sie sicher, dass Ihr Tierarzt Sie mit Rat und Tat im Zusammenleben mit Ihrem tauben Hund unterstützt!

1. Welche Formen von Taubheit bei Hunden begegnen Ihnen am häufigsten in Ihrer Praxis?

Taubheit bei Hunden ist im Allgemeinen natürlich eher eine Seltenheit im Vergleich mit der Gesamtheit der Patienten. Krankheiten wie Gehirnhautentzündungen, durch die Hunde früher taub oder teilweise hörgeschädigt wurden, können heute sehr viel besser und schneller behandelt werden, so dass die Zahl der Tiere, die aufgrund von Krankheiten taub werden, sehr stark zurückgegangen ist. Häufiger sind dagegen die genetische Taubheit – wenn auch immer noch selten – und die Alterstaubheit, die mir in der Praxis relativ häufig begegnet.

2. Bedeutet es eine Einschränkung der Lebensqualität meines Hundes, wenn bei ihm Taubheit diagnostiziert wird?

Diese Frage kann ich ganz klar mit »Nein« beantworten. Zum einen hat der Hund durch die Taubheit keine Schmerzen, zum anderen realisiert er seine Behinderung überhaupt nicht. Der Hörsinn fehlt ihm zwar, doch da ihm dies nicht bewusst ist, vermisst er nichts. Anders als wir Menschen, die durch Taubheit und damit einhergehender Schwierigkeit eine Sprache zu erlernen, häufig in eine Außenseiterrolle geraten, ist der Hund auf die Lautsprache nicht angewiesen. Ein tauber Hund hat also eine völlig normale Lebensqualität, wenn sich der Halter auf andere Kommunikationsweisen als die Verständigung über Sprache einlässt. Wenn der taube Hund in der freien Wildbahn leben müsste, hätte er vermutlich enorme Nachteile, wenn es um Nahrungssuche und Selbstschutz geht. Da unsere Haushunde ja aber in einer engen Gemeinschaft mit uns Menschen leben, gibt es keinerlei Nachteile für taube Hunde.

3. Ein häufiges Vorurteil ist, dass taube Hunde in ihrem Sozialverhalten gestört sind ...

Das kann ich in keiner Weise bestätigen. Das Verhalten eines Hundes hängt zum Großteil von der Kompetenz seines Halters ab. Wird ein Hund nicht frühzeitig mit seinen Artgenossen und anderen Menschen sozialisiert, ausreichend bewegt und konsequent erzogen, wird er natürlich verhaltensauffällig. Das gilt für hörende wie taube Hunde gleichermaßen.

Hunderassen, bei denen erblich bedingte Taubheit auftreten kann
(zusammengetragen im veterinärmedizinischen Institut der Louisiana State University)[5]

Akita Inu
American Eskimo Dog
American Foxhound
American Staffordshire Terrier
Amerikanischer Cocker Spaniel
Australian Cattle Dog
Australian Shepherd
Beagle
Bernhardiner
Bichon Frisé
Bobtail
Border Collie
Borsoi
Boston Terrier
Boxer
Bulldog
Bullterrier
Canaan Dog
Cavalier King Charles Spaniel
Chihuahua
Chinesischer Schopfhund
Chow Chow
Collie
Coton de Tuléar
Dalmatiner
Dackel (Weißtiger)

Deutsch Kurzhaar
Deutscher Schäferhund
Dobermann
Deutsche Dogge
Dogo Argentino
Dogo Canario
Dunker
English Cocker Spaniel
English Setter
English Springer Spaniel
Epagneul Breton
Foxhound
Foxterrier
Französische Bulldogge
Gos d'Atura Catalá
Greyhound
Havaneser
Islandhund
Italienisches Windspiel
Jack/Parson Russell Terrier
Japan Chin
Kuvasz
Labrador Retriever
Löwchen
Malteser
Neufundländer
Nova Scotia Duck Tolling Retriever
Papillon

Podenco Ibicenco
Pointer
Puli
Pyrenäenberghund
Rhodesian Ridgeback
Rottweiler
Samojede
Schnauzer
Scottish Terrier
Sealyham Terrier
Shetland Sheepdog/Sheltie
Shih Tzu
Siberian Husky
Soft Coated Wheaten Terrier
Staffordshire Bullterrier
Sussex Spaniel
Tibet-Spaniel
Tibet-Terrier
Toypudel
Weißer Schweizer Schäferhund
Welsh Corgi Cardigan
West Highland White Terrier
Whippet
Yorkshire Terrier
Zwergpinscher

Sie sehen, die Liste ist (leider) lang. Auch wenn Sie sich vielleicht zu Anfang alleine fühlen: Sie sind es nicht! Es gibt mehr Besitzer tauber Hunde, als Sie denken, und es gibt viele positive Beispiele dafür, dass taube Hunde ein ebenso unbeschwertes und glückliches Leben führen können wie ihre hörenden Artgenossen.

---

[5] Die Originalliste in Englisch gibt es hier (für dieses Buch wurden nur vom FCI anerkannte Rassen übernommen): http://www.lsu.edu/deafness/breeds.htm

Leben mit tauben Hunden

Wenn Sie sich aktiv für das Leben mit einem tauben Hund entscheiden sollten, gibt es einige Fragen, die Sie sich stellen sollten, bevor der Vierbeiner bei Ihnen einzieht:

1. Wie ist es um Ihre finanziellen Verhältnisse bestellt? Bei der Kalkulation sollten Sie nicht nur fixe Kosten wie die für Futter oder – je nach Rasse – Hundefriseur bedenken, sondern auch Posten, die mitunter plötzlich und unerwartet eintreffen können: Rechnungen beim Tierarzt oder in der Tierklinik zum Beispiel.

2. Erlauben Ihre Wohnverhältnisse das tiergerechte Zusammenleben mit einem Hund? Sie benötigen nicht nur genügend Platz in der Wohnung, sondern mitunter auch die Erlaubnis Ihres Vermieters. Doch auch außerhalb der Wohnung sollten Sie Ihrem Hund etwas bieten können. Ideal wäre ein eingezäunter Garten oder aber eine Hundewiese in der Nähe, auf der nach Möglichkeit kein Autoverkehr herrscht. Auch ein tauber Hund benötigt Spaziergänge und Zeit zum Toben ohne Leine, um ausgelastet und glücklich zu sein. Die meisten Verhaltensauffälligkeiten resultieren daraus, dass Hunde nicht ausreichend bewegt und beschäftigt werden!

3. Wie sieht es mit Ihrer Familie aus? Sind alle Menschen, auf die Sie in Ihrem täglichen Leben angewiesen sind, mit der Haltung eines tauben Hundes einverstanden? Leidet vielleicht jemand an einer Hundehaarallergie oder hat Angst vor Hunden?

4. Taube Hunde sind sehr menschenbezogen und anhänglich. Daher sollten Sie ihn nicht allzu lange alleine lassen. Erlaubt Ihre berufliche Situation dies?

5. Ein tauber Hund braucht etwas mehr Aufmerksamkeit als ein hörender. Wenn er mit Genuss den Mülleimer leert oder etwas vom Tisch mopst, genügt es nicht, von der Couch aus quer durch den Raum »AUS!« zu rufen. Er kann Sie nicht hören. Daher müssen Sie, wann immer Sie mit ihm kommunizieren wollen, seine Nähe suchen. Überlegen Sie sich gut, ob Ihnen dies nicht vielleicht irgendwann lästig werden könnte. Hunde kennen kein Wochenende, keinen Feierabend und keine Feiertage!

6. Jeder von uns muss ab und an das Haus verlassen und kann seinen Vierbeiner nicht mitnehmen (z. B. Dienstreise, Urlaub, Krankenhausaufenthalt ...). Das ist

nicht weiter schlimm, wenn wir jemanden haben, dem wir unseren Vierbeiner für diese Zeit ohne Bedenken anvertrauen können. Ziehen Sie in Betracht, dass Sie alle Personen, die mit dem Hund umgehen, auf die speziellen Anforderungen, die ein tauber Hund mit sich bringt, aufmerksam machen müssen. Ihre Helfer müssen bereit sein, Handzeichen zu erlernen, und sie müssen diese auch in immer gleicher Form anwenden.

7. Ihr Leben könnte sich auf einen Schlag von heute auf morgen grundlegend ändern – durch Heirat oder Scheidung, Geburt eines Kindes, Umzug, Arbeitslosigkeit oder Krankheit. Was passiert in diesen Fällen mit Ihrem Hund?

Und die wohl wichtigste aller Fragen:

8. Hunde können – je nach Rasse – mitunter sehr alt werden. Kein Lebewesen sollte das Schicksal erfahren müssen, sein geliebtes Zuhause zu verlieren und ins Tierheim abgeschoben zu werden. Vielen Millionen Tieren bleibt diese traumatische Erfahrung leider nicht erspart. Überlegen Sie sich daher sehr sorgsam, ob Sie für die Anschaffung eines tauben Hundes mit allen Konsequenzen bereit sind. Ich vergleiche die Situation vor der Anschaffung eines Hundes gerne mit der Überlegung, ob man bereit für Nachwuchs ist. Ein tauber Hund kann sich genauso wenig selbst versorgen wie ein Kind, er benötigt in allen Lebenslagen Ihre Hilfe. Und

Chocolate liebt ausgiebige Spaziergänge ohne Leine.

anders als ein Kind, das irgendwann auf eigenen Beinen stehen wird, bleibt Ihr Hund ein Leben lang auf Sie angewiesen – auf Ihre Fürsorge und auf Ihre Zuverlässigkeit. Diese Verantwortung sollten Sie bei der Entscheidung für oder gegen einen tauben Hund ganz besonders ins Gewicht fallen lassen. Wenn Sie schon Hunde haben, müssen Sie sich gut überlegen, ob Ihnen die Arbeit nicht nach einer Weile, wenn der Alltag einkehrt, über den Kopf wachsen kann. Es genügt nicht, sich darauf zu verlassen, dass der taube Hund sich an seinen hörenden Artgenossen orientieren wird. Zumindest zu Beginn müssen Sie sehr viel Zeit einplanen, um Handzeichen einzuüben und ein starkes Band zwischen ihm und sich aufzubauen.

Ein tauber Hund zieht ein

Wenn Sie sich nicht bewusst für einen tauben Hund entschieden haben, sondern erst im Nachhinein und eher zufällig von seiner Behinderung erfahren haben, sind Sie vermutlich im ersten Moment verzweifelt, vielleicht sogar wütend. Da wir uns damals sehr bewusst für unsere taube Chocolate entschieden haben, kamen wir mit diesen Gefühlen nie in Berührung, aber ich kann Ihnen versichern: Es gibt nichts, woran Sie verzweifeln müssten, nichts worauf Sie wütend sein müssten und erst recht nichts, wofür Sie sich schämen müssten. Ihr Hund kennt das Leben nur in Verbindung mit seiner Taubheit, er vermisst absolut nichts, und er ist glücklich mit dem, was er hat – vorausgesetzt Sie akzeptieren ihn so, wie er nun mal ist. Dennoch gibt es natürlich einige Dinge, die Sie unbedingt beachten sollten, wenn Sie mit einem tauben Hund zusammenleben:

Was Sie als Besitzer eines tauben Hundes besonders beachten sollten:

* Lassen Sie Ihren Hund unbedingt eindeutig kennzeichnen. Auch, wenn Ihr Vierbeiner noch so gut ausgebildet ist und auch wenn Sie noch so sehr auf ihn achtgeben, der Teufel ist ein Eichhörnchen und so kann es immer passieren, dass Ihr Hund kurzfristig von Ihnen getrennt wird. Am besten lassen Sie sich bei Ihrem Tierarzt über das Einsetzen eines Mikrochips beraten. Dieser wird dem Hund unter die Haut gesetzt – keine Sorge, dabei handelt es sich um einen kleinen, vollkommen ungefährlichen Eingriff! – und hält einen Code bereit, der mit einem Lesegerät abgerufen werden kann. Sollte Ihr Hund also von der Polizei oder Passanten aufgegriffen werden und diese bringen Ihren Hund ins Tierheim, dann können die Tierschützer vor Ort per Lesegerät feststellen, dass es sich um Ihren Hund handelt und Sie sofort verständigen. Dies geht jedoch nur, wenn Sie Ihren Hund auch registrieren. Viele Menschen denken, dass ihr Tierarzt, Hunde, die er

mit einem Chip versieht, auch registriert. Dies ist aber nicht immer automatisch der Fall. Gehen Sie also sicher, dass Sie Ihr Tier entweder direkt beim Deutschen Haustierregister oder bei Tasso registrieren. Dies lässt sich heutzutage ganz einfach über das Internet erledigen. Alternativ können Sie Ihren Hund auch mit einer Tätowierung kennzeichnen lassen. Diese hat jedoch den Nachteil, dass sie über die Jahre hinweg oftmals nicht mehr so gut lesbar ist wie zu Anfang. Informieren Sie sich bei Ihrem Tierarzt über Pro und Contra von Tätowierung und Mikrochip. Zusätzlich sollten Sie immer auch auf altbewährte Mittel wie die Hundemarke zurückgreifen. Auf dieser sollten Sie nicht nur den Namen des Hundes und Ihre Telefonnummer vermerken, sondern auch am besten noch einen Zusatz mit »tauber Hund« oder »ich bin taub« anbringen. Auf diese Weise wissen die Finder gleich, dass der Hund auf »normale« Kommandos nicht reagiert und denken nicht, er sei unter Schock, unerzogen oder verletzt.

- Daran schließt sich gleich der nächste Punkt an: Sie müssen immer ein besonders wachsames Auge auf Ihren Hund haben. Sie sind als Hundebesitzer für das Betragen Ihres Tieres verantwortlich, das betrifft natürlich vor allem Zeiten, in denen Sie und das Tier in der Öffentlichkeit unterwegs sind. Wenn ein tauber Hund Unsinn macht, können Sie ihn nicht einfach so von weitem zurückrufen, wenn er Ihnen den Rücken zudreht. Die Erziehung und das Leben mit einem tauben Hund erfordern wesentlich mehr »Präsenz« von Ihnen als das Leben mit einem hörenden Hund. Darüber sollten sie sich im Klaren sein.

- In vielen Situationen des täglichen Lebens werden Sie darüber hinaus erfinderisch sein müssen, zum Beispiel was das Erdenken und Umsetzen neuer Sichtzeichen betrifft. Dies kann unheimlich Spaß machen. Wichtig ist nur, dass es Ihnen gleich ist, wie andere Menschen auf die ungewöhnliche Art der Kommunikation mit Ihrem Hund reagieren.

- Ja, machen Sie sich auf »Reaktionen« gefasst. Es ist immer noch ein ungewöhnliches Bild, Menschen ausschließlich per Sichtzeichen mit Hunden »sprechen« zu sehen, neugierige, belustigte, vielleicht auch mal beleidigende Kommentare werden daher nicht ausbleiben. Wichtig ist, dass Sie cool bleiben und sich von den Reaktionen anderer nicht aus dem Konzept bringen lassen. Zehren Sie von den vielen positiven Reaktionen Ihrer Mitmenschen, dann ist es leicht, ein paar Gemeinheiten oder Dummheiten wegzustecken. Viele Menschen wissen einfach nicht genug über taube Hunde und urteilen nur aus Unwissenheit schlecht über ihn.

Hilfsmittel

Gerade am Anfang, wenn das Band zwischen Ihnen und Ihrem Vierbeiner noch nicht ganz so stark ist, kann es sinnvoll sein, sich auf Hilfsmittel bei der Kommunikation mit Ihrem Hund zu verlassen. Viele Hunde lieben es, Lichtkegel zu jagen. Ein Laserpointer oder eine Taschenlampe lassen sich daher prima dazu einsetzen, den Hund im Dunkeln zu Ihnen zurückzurufen, wenn er Ihre Sichtzeichen nicht sehen kann (lassen Sie Ihren Hund bitte im Dunkeln nur in umzäunten Gelände ohne Leine laufen!).

Auch, wenn der Hund Ihnen den Rücken zugewandt hat, können Sie ihn mit Hilfe des Laserpointers auf sich aufmerksam machen. Achten Sie jedoch stets darauf, das Tier nicht zu blenden. Leuchten Sie stattdessen auf einem Punkt am Boden, den der Hund leicht einsehen kann. Bewegen Sie den Laserpunkt oder Lichtkegel anschließend langsam zu Ihnen. Die meisten Hunde werden neugierig und folgen dem seltsamen Objekt am Boden. Am besten belohnen Sie Ihren Vierbeiner sofort mit Streicheleinheiten und einem Leckerli, auf diese Weise merkt er sich, dass es sich lohnt dem Laserpunkt bis zu Ihnen zu folgen, und Sie werden ihn in Zukunft leichter heranrufen können.

Im Fachhandel werden zudem vibrierende Halsbänder zum Kauf angeboten. Über einen Auslöser, den Sie in der Hand halten, bringen Sie das Halsband Ihres Hundes zum Vibrieren und machen den Vierbeiner dadurch auf sich aufmerksam. Durch geduldiges Üben bringen Sie Ihrem Hund bei, zu Ihnen zu kommen, wenn Sie das Vibrationshalsband betätigen. Anders als beim Teletaktgerät (das in Deutschland durch das Tierschutzgesetz Gott sei Dank verboten ist!) erleidet der Hund durch das Halsband keinerlei Schmerzen.

Ob Sie ein Vibrationshalsband einsetzen möchten oder nicht, ist Geschmacksache. Wir haben bei Chocolates Erziehung nie auf ein Vibrationshalsband zurückgegriffen. Natürlich ist die Vorstellung, den Hund jederzeit über Knopfdruck herbeirufen zu können, verlockend. Bei richtiger Anwendung und geduldigem Einüben kann das Führen Ihres Hundes sicherlich sehr gut funktionieren. Bedenken Sie jedoch, dass Technik immer auch ihre Grenzen hat. Zum einen muss der Hund zunächst einmal sehr sorgsam und geduldig an das Vibrationshalsband und das dazugehörige gewünschte Verhalten gewöhnt werden. Sie können nicht erwarten, dass Ihr Vierbeiner sofort versteht, was von ihm gewünscht wird, wenn es an seinem Hals kitzelt. Das Vibrationshalsband erspart Ihnen also nicht das sorgfältige Einstudieren von Grundgehorsam. Zum anderen sollte jeder Hund die Möglichkeit zu unbeschwertem Spiel mit Artgenossen haben. Im Übermut und bei totaler Reizüberflutung (andere Hunde, Menschen, tausende Gerüche und so weiter) kann ein kleines Kribbeln am Hals rasch ignoriert werden. Wenn Ihr Hund eine Wasserratte ist und keine Pfütze und keinen Teich auslässt, könnte die Technik schnell den Geist aufgeben. In Gefahrensituationen, beispielsweise wenn sich ein Auto nähert, kann dies im schlimmsten Fall den Tod Ihres Hundes bedeuten. Sie sollten sich daher nie vollständig auf die Kommunikation via Vibrationshalsband verlassen. Als zusätzliches Hilfsmittel zur Erziehung per Sichtzeichen und sorgsamen Prägung auf Sie kann das Halsband jedoch durchaus praktisch sein.

Kommunikation ist alles – auch »ohne« Ohren

Wir Menschen kommunizieren hauptsächlich über Sprache. Mimik und Gestik sind über die Jahrtausende hinweg in den Hintergrund getreten. Taubheit trifft uns Menschen daher hart. Ein Hund, der nicht hören kann, erscheint uns unter diesen Umständen natürlich zunächst einmal als bemitleidenswertes Geschöpf, das durch seine Behinderung enorm an Lebensqualität einbüßt. Bei der Beurteilung von Taubheit von Hunden dürfen wir jedoch nicht mit menschlichen Standards messen. Denn das Kommunikationsrepertoire des Hundes ist sehr viel ausgefeilter und vielseitiger als das des Menschen:

Hunde verfügen vor allem über eine extrem feine Nase. Bis zu 200 Millionen Riechzellen kann die Nase eines Hundes – in Abhängigkeit der Rasse – beherbergen. Damit ist er nicht nur in der Lage, feinste Gerüche zu erkennen, er kann sogar viele verschiedene Düfte sehr genau voneinander unterscheiden. Grob gesagt riecht ein Hund etwa vierzig Mal besser als wir Menschen, eine Leistung, die kaum vorstellbar erscheint. Der Geruch spielt auch in der Kommunikation des Hundes eine große Rolle: Artgenossen erkennen einander am Geruch. Wenn zwei oder mehr Hunde aufeinandertreffen, wird zunächst einmal ausgiebig geschnüffelt. Die aufgenommenen Düfte informieren zum Beispiel über Alter und Geschlecht des Gegenübers und entscheiden auch über Freundschaft oder Feindschaft. »Sich riechen können« wird in der Hundewelt noch buchstäblich genommen. Auch das Revier des Hundes wird eifrig mit Duftstoffen markiert, um anderen zu signalisieren: »Hier herrsche ich – auch wenn ich nur drei Mal am Tag hier vorbeikomme.«

Ein weiterer wichtiger Faktor im Kommunikationsrepertoire des Hundes ist die Körpersprache. Dafür gibt es unzählige Beispiele. Bekanntestes ist wohl das Schwanzwedeln. Es kann, je nach Situation und in Abhängigkeit mit anderen Körpersignalen des Hundes: »Ich bin gut drauf, ich kann dich gut leiden!« signalisieren. Aber auch Unsicherheit, Aggressivität und Angst werden mit der Rute signalisiert. Zähne fletschen, Ohren anlegen oder aufstellen, Gähnen, breites Grinsen (bei manchen Hunderassen wie dem Dalmatiner) – es gibt unzählige Stimmungen, die sich anhand der Körpersprache des Hundes ablesen lassen. Auch die Haltung des Vierbeiners fällt bei der Verständigung mit Artgenossen ins Gewicht: Verbeugt sich der Hund vor Ihnen oder Artgenossen, fordert er Sie zum Spiel auf. Ein steifer, aufrechter Gang soll einschüchternd und respektheischend wirken.

Sie sehen also: Hunde sind auf ihre Ohren nicht wirklich angewiesen. Sie können sich sogar sehr gut ohne Hörvermögen mit anderen Lebewesen austauschen, da ihr Kommunikationsvermögen nicht wie bei uns Menschen auf Sprache (nahezu) reduziert ist. Es ist daher extrem wichtig, dass Sie sich als Halter eines tauben Hundes mit der Körpersprache dieser Tierart besonders intensiv vertraut machen. Durch sehr genaues Beobachten Ihres Hundes lassen sich viele heikle und gefährliche Situationen nicht nur sehr genau, sondern auch sehr rasch erkennen. Werden Sie – zumindest, was die Kommunikation angeht – ein klein wenig Hund und entwickeln Sie ein Gespür für Verständigungsweisen, die ganz ohne Laute auskommen können.

Taubheit stellt für den Hund keine großartige Behinderung dar – wer braucht schon seine Ohren, wenn er über eine feine Nase und eine ausgeklügelte Körpersprache verfügt?

Sind taube Hunde stumm?

Vielleicht klingt es ein bisschen makaber, aber: Es hat durchaus Vorteile, mit einem tauben Hund zusammenzuleben. Als Kind hatte ich einen Foxterrier, der rassetypisch sehr gerne bellte. Damals machte mir das nichts aus, aber im Nachhinein mag ich mir nicht vorstellen, welche Einstellung die meisten Nachbarn in unserem Mehrfamilienhaus zu unserem Hund gehabt haben mögen. Wenn es an der Tür klingelte oder auch bloß, wenn draußen jemand über den Gang lief, tönte eine Symphonie an Hundegebell aus unserer Wohnung, die erst abebbte, wenn »Rasty« der Heiserkeit oder völligen Erschöpfung nahe war.

Auch unser Dalmatinerrüde Jack war sehr wachsam und bellte sofort, wenn es an der Tür klingelte oder ein bekanntes Auto die Straße heraufkam. Chocolate rannte meist mit zur Tür oder zum Gartentor, wenn Jack anschlug, und stimmte in sein Gebell mit ein. Jack lieh ihr sozusagen seine Ohren. Nach Jacks Tod ist es sehr still geworden in unserem Haus. Chocolate hört weder, wenn es an der Tür klingelt noch wenn sich eines unserer Autos nähert. Kein Gebell. Keine missgelaunten Nachbarn mehr. Für ein friedliches Zusammenleben mit den Nachbarn hat ein tauber Hund also durchaus Vorteile – vor allem, wenn Sie in einem Mehrfamilienhaus wohnen.

Doch dass ein tauber Hund nicht auf Geräusche in seiner Umgebung reagiert, bedeutet keinesfalls, dass er seine Stimme nicht einsetzen würde. Chocolate zum Beispiel weiß ganz genau, wie sie mithilfe von Lauten an ihr Ziel kommt. Sie verfügt über ein erstaunlich breites Repertoire an verschiedenen Bell-, Heul- und Quengeltönen, die präzise für die jeweils passende Situation eingesetzt werden. Chocolate ist nicht gern allein. Wenn sie also Lust hat in den Garten zu gehen, läuft sie durch die offene Terrassentür nach draußen, wartet auf der Terrasse und bellt so lange (in einem fordernden Ton), bis sich ein Familienmitglied zu ihr gesellt – oder man ihr mitteilt, dass sie aufhören soll. Dass Ihr Hund taub ist, bedeutet also nicht, dass er per se auch leise ist. Natürlich hört er nicht, wenn sich Autos oder Besucher nähern, dennoch kann es schnell zu einer Art »Nervenkrieg« werden, wenn Sie Ihrem Hund in bestimmten Situationen nicht signalisieren können, dass er ruhig sein soll.

Machen Sie Ihrem tauben Hund von Anfang an klar, dass er nur dann bellen soll, wenn Sie es nicht stört. Wenn sich Fremde Ihrer Wohnung oder Ihrem Grundstück nähern, kann es beispielsweise ganz praktisch sein, wenn Ihr Hund anschlägt. In allen anderen Situationen, in denen Sie ein Bellen lieber unterbinden wollen, umfassen Sie mit Ihrer Hand ganz leicht von oben seine Schnauze – nicht fest zudrücken – und geben mit der anderen Hand das Zeichen für »Nein!«, indem Sie energisch mit der flachen Hand waagerecht durch die Luft fahren (Siehe auch Seite 43).

Wenn Ihr Hund ununterbrochen bellt oder jault, liegt dies jedoch mit großer Wahrscheinlichkeit nicht an seiner Behinderung. Sie sollten sich klar machen, dass Ihr Hund nicht aus reiner Bösartigkeit oder um Sie zu reizen »nervt«, wahrscheinlicher ist einer der folgenden Gründe:

1. Einsamkeit und die Angst vor dem Verlassenwerden: Gerade taube Hunde benötigen besonders engen Kontakt zum Menschen und haben häufig Angst, alleine gelassen zu werden. Daher ist es wichtig, dass Sie Ihrem Hund frühzeitig beibringen, auch mal eine Weile alleine zu sein. Er muss sich allerdings sicher sein können, dass Sie immer wieder zu ihm zurückkehren.

2. Unsicherheit und Angst: Manche Hunde versuchen Unsicherheit und Angst durch pausenloses Kläffen zu überspielen. Dies passiert zum Beispiel, wenn ein Hund nicht richtig sozialisiert und mit seiner Umwelt vertraut gemacht wurde.

3. Langeweile und Unterforderung: Einer der häufigsten Gründe für andauerndes Bellen oder Jaulen ist schlichtweg Langeweile. Auch ein tauber Hund benötigt ausreichend Bewegung. Ein Spaziergang um dem Block ist hochintelligenten und sozialen Wesen wie Hunden nicht genug. Wenn Ihr Vierbeiner nicht ausreichend durch Sie gefordert wird, sucht er sich eben seine eigene Freizeitbeschäftigung. Bellen zum Beispiel.

4. Herrchen manipulieren: Hat Ihr Hund erst einmal gelernt, dass Sie sofort springen und tun, was er von Ihnen will, wenn er nur lange genug nervt, wird er dieses Wissen natürlich skrupellos anwenden. Taube Hunde sind nicht dumm und wissen genau, was sie wollen. Wenn Sie auf »Zuruf« Leckerlis für ihn holen oder ihn streicheln, wird er sich dies merken und versuchen für sich zu nutzen. Achten Sie darauf, dass Sie der Rudelführer sind und bleiben.

5. »Hunde-Demenz«: Wenn Ihr Hund alt wird, kann es durchaus sein, dass er kleine Marotten entwickelt – ganz genau, wie bei uns Menschen.

6. Schuld sind die Gene: Manche Hunderassen sind praktisch zum Kläffen geboren. Es ist ihnen in die Wiege gelegt. Dazu gehören zum Beispiel viele Terrierarten. Daher ist es besonders wichtig, sich vor der Anschaffung eines Hundes genauestens über seine Rasseeigenschaften zu informieren, um später keine bösen Überraschungen zu erleben.

7. Schicksalsschläge: Wenn Sie Ihren Hund aus dem Tierheim oder aus zweiter Hand übernommen haben, kann es durchaus sein, dass er in seinem Leben schon negative Erfahrungen machen musste. Auch Tiere können durch Gewalt und Vernachlässigung schwere Traumata davontragen. In Situationen, die das Tier an seine bösen Erfahrungen erinnern, kann er aus Angst und Verzweiflung bellen.

Wenn Sie bei der Suche nach der Ursache des Bellens oder Jaulens im Dunkeln tappen, sollten Sie am besten einen erfahrenen Hundetrainer oder Hundepsychologen hinzuziehen. Das ist kein Grund, sich zu schämen, sondern zeugt im Gegenteil von Verantwortungsbewusstsein und Fürsorgepflicht. Ein Hundepsychologe kann Ihnen nicht nur dabei helfen, die Ursache des ständigen Bellens zu ergründen, sondern er wird Ihnen auch mit Rat und Tat zur Seite stehen. Wenn Sie die Gewohnheiten Ihres Hundes ändern wollen, wird dies nicht von heute auf morgen gehen. Hier sind Geduld und Durchhaltevermögen Ihrerseits gefragt.

Trennungsangst

Natürlich sollte kein Hund, egal ob taub oder hörend, den ganzen Tag allein zu Hause verbringen und sich einsam fühlen müssen. Für taube Hunde ist es aber besonders wichtig, ein enges Verhältnis zu ihrem Menschen zu pflegen und möglichst oft in seiner Nähe zu sein. Wenn Sie also einen Beruf haben, der Sie sehr beansprucht und Sie Ihren Hund nicht mit ins Büro nehmen können, sollten Sie sich fragen, ob ein tauber Hund das Richtige für Sie ist. Davon einmal abgesehen ist es natürlich wichtig, dass Sie für einige Stunden ohne Ihren Hund das Haus verlassen können, damit Sie in Ruhe Besorgungen machen können. Daran, dass er für einige Zeit ohne Sie auskommen muss, müssen Sie Ihren Hund natürlich erst einmal langsam heranführen.

Lassen Sie Ihren Vierbeiner zu Beginn nur für kurze Zeitspannen allein und beschäftigen ihn mit seinem liebsten Spielzeug oder einem Kauknochen. Entfernen Sie sich aus dem Zimmer und kehren Sie nach einigen Minuten zurück, wenn er sich noch brav und ruhig verhält. Verhalten Sie sich, als sei nichts passiert und als seien Sie nie fortgewesen. Ihr Hund soll lernen, dass es viel lohnenswerter ist, sich mit seinem Knochen oder einem Spielzeug zu beschäftigen als Ihnen permanent zu folgen und dass es absolut keinen Grund zur Panik gibt. Sein Herrchen geht ihm in dieser Zeit nicht verloren. Wenn dies für eine Weile gut geklappt hat, können Sie sowohl Zeitdauer als auch Entfernung nach und nach steigern. Lassen Sie sich jedoch Zeit mit dieser Übung und verlangen Sie nicht zu viel zu schnell von Ihrem Vierbeiner.

Je früher Sie ihn daran gewöhnen, für einige Zeit von Ihnen getrennt zu sein, desto leichter wird es ihm fallen. Es ist jedoch kein Ding der Unmöglichkeit, auch einen älteren Hund umzugewöhnen. Vermutlich erfordert es jedoch ein wenig mehr Geduld.

Sie werden rasch feststellen, dass Ihr tauber Hund Sie kaum aus den Augen lassen wird. Chocolate gibt immer sehr genau Acht, welches Familienmitglied sich wo aufhält. Am liebsten ist es ihr, wenn wir alle ganz nah bei ihr sind. Sobald jemand den Raum verlässt, läuft sie hinterher und vergewissert sich über den neuen Aufenthaltsort. Vermutlich werden Sie rasch ähnliche Erfahrungen machen. Lassen Sie Ihren Hund nach Möglichkeit wissen, wenn Sie den Raum verlassen und geben Sie ihm die Möglichkeit Ihnen ein paar Schritte zu folgen.[6] Wenn Ihr Hund nicht mitbekommt, wohin Sie »verschwunden« sind, kann es sein, dass er später in Angst oder sogar Panik – das hängt natürlich auch immer ein wenig vom Temperament Ihres Hundes ab – das ganze Haus nach Ihnen durchsucht. Machen Sie Ihren Hund zumindest zu Beginn darauf aufmerksam, wenn Sie sich von ihm entfernen. Wenn er also nicht zu Ihnen schaut oder schläft, streicheln Sie ihn kurz oder erregen auf andere Weise seine Aufmerksamkeit. Sie müssen ihn nicht zu sich beziehungsweise mit sich rufen, es genügt, wenn er sieht, wohin Sie gehen – ob er Ihnen folgt, bleibt dann dem Hund überlassen. In Situationen, in denen er Sie nicht begleiten kann, geben Sie ihm anschließend das Kommando für »Auf die Decke!« (Siehe Seite 44). Ihr Hund lernt bald zu unterscheiden, in welchen Situationen er Sie begleiten kann und wann nicht. Wenn Sie diese beiden Gewohnheiten miteinander verbinden, wird Ihr Hund rasch merken, dass Sie ihn niemals dauerhaft verlassen, sondern dass Sie immer wieder zu ihm zurückkehren. In der ersten Zeit wird er Ihnen vermutlich häufig folgen, bis er dies verstanden hat. Doch bald schon werden Sie sehen, dass er immer öfter auch mal lieber in seinem bequemen Körbchen liegen bleibt – Sie kommen ja eh immer wieder zu ihm zurück.

---

[6] Auch wenn dieser Tipp dem widerspricht, was Experten in Bezug auf die Vermeidung von Trennungsangst bei hörenden Hunden raten: Unsere Erfahrung hat gezeigt, dass taube Hunde in dieser Hinsicht eine etwas andere Behandlung benötigen. Natürlich ist dies auch immer ein wenig abhängig vom Charakter Ihres Hundes – so wie bei jedem Erziehungstipp.

Chocolates Home ist ihr Castle.

Taube Hunde und Kinder

Es ist kein Geheimnis, dass Tiere und besonders Hunde einen positiven Einfluss auf die Entwicklung von Kindern haben. Mittlerweile gibt es zahlreiche Studien, die dies belegen. Hunde fördern sowohl die soziale Kompetenz als auch ein starkes Selbstbewusstsein junger Menschen und schulen zugleich den Blick für einen verantwortungsvollen und respektvollen Umgang mit der Natur. Verhaltensauffällige und kranke Kinder finden durch die Begegnung mit Hunden Ausgeglichenheit und Lebensmut. Dass Ihr Hund taub ist, ist absolut kein Grund dafür, ihn nicht mit Kindern zusammenzubringen. Durch seine extreme Prägung auf den Menschen wird er sich über die extra Zuwendung und Fürsorge freuen. Allerdings gibt es ein paar Regeln, die Sie beim Beisammensein von Hund und Kind beherzigen sollten:

1. Sich vorstellen gehört zum guten Ton

Auch, wenn Ihr Hund mit Kindern aufgewachsen ist und sie über alles liebt, bedeutet dies nicht, dass ihm fremde Kinder gleich um den Hals fallen können, ohne dass er mit der Wimper zuckt. Genauso wenig wie wir gleich von uns wildfremden Menschen angefasst werden wollen, verhält es sich bei Hunden. Bitten Sie die Kinder, sich zunächst einmal »vorzustellen«, indem sie Ihrem Hund die Hände zum

Schnuppern hinhalten. Signalisiert Ihr Vierbeiner, dass ihm der Kontakt recht ist und sucht er aktiv die Nähe der Kinder, darf auch gestreichelt werden. Dieser Punkt gilt natürlich nicht nur für Kinder, sondern auch für Erwachsene: Ihr tauber Hund ist ohnehin sehr damit beschäftigt, seine Umwelt mit den Augen förmlich »abzuscannen«, dabei kann es immer mal passieren, dass er nicht bemerkt, wenn sich jemand von hinten nähert. Wenn er sich dann erschreckt, kann es grundsätzlich passieren, dass er aus Angst schnappt. Lassen Sie Fremde Ihren Hund also niemals einfach so anfassen, bevor sie sich nicht richtig »vorgestellt haben«.

2. Auch Hunde verdienen Respekt

Niemand hat es gern, wenn er geärgert oder ständig gegängelt wird. An manchen Stellen, wie im Gesicht oder an den Pfoten, sind Hunde sehr empfindlich und mögen dort unter Umständen nicht angefasst werden. Rückzugsgebiete wie die Schlafdecke oder das Körbchen Ihres Vierbeiners sollten Kinder unbedingt respektieren und den Hund nicht stören, wenn er diesen Schutz aufsucht. Auch sein Spielzeug sollte allein ihm gehören – von Keimen einmal abgesehen.

3. Ganz in Ruhe speisen

Hunde stammen vom Wolf ab, es ist also ganz natürlich, dass sie ihr Futter, also ihre Beute, gegen potenzielle Konkurrenten verteidigen wollen. Kinder sollten fressende Hunde daher auf jeden Fall in Ruhe lassen. Im schlimmsten Fall könnte der Hund

Hund und Kind können ein Dreamteam sein – wenn beide sich an ein paar Spielregeln halten.

nach ihm schnappen. Es kann durchaus sein, dass Ihr Hund beim Fressen nicht merkt, dass sich jemand von hinten genähert hat (er kann es schließlich nicht hören) und sich erschreckt. Auch Spielen direkt nach dem Fressen ist tabu: Gerade große Hunde drohen bei Hektik und größerer Anstrengung nach der Futteraufnahme eine lebensgefährliche Magendrehung zu bekommen.

4. Nichts ist unmöglich

Auch wenn Ihr Hund der besterzogene, zuverlässigste, liebste Hunde der Welt ist: Er bleibt dennoch mehr oder weniger unberechenbar für uns Menschen. Seien Sie daher immer für Überraschungen gerüstet und haben Sie ein wachsames Auge auf die Gesamtsituation. Vermitteln Sie diese Vorsicht auch Kindern, die mit Ihrem Hund zu tun haben.

5. In Streitereien unter Hunden niemals einmischen

Sind Hunde in einen Kampf verstrickt, nehmen sie oft nichts mehr um sich herum wahr. Rangordnungskämpfe allerdings sind normal und auch notwendig. Vor allem Kinder sollten niemals versuchen, sich einzumischen und rangelnde Hunde zu trennen. Im schlimmsten Fall könnten sie selbst gebissen werden.

6. Ruhig verhalten

Erklären Sie Kindern, dass Sie sich in jedem Fall ruhig verhalten müssen, sollte der Hund doch einmal zuschnappen. Versucht es, sich loszureißen, stachelt dies den Hund nur noch mehr an, zu schnappen und Hand oder Bein festzuhalten.

7. Nicht vor Hunden weglaufen!

Daran schließt sich der letzte Punkt an. Viele Hunde jagen davonlaufende Beute. Sollten Kinder Angst vor Ihrem Hund haben und weglaufen, können sie diesen »Jagdinstinkt« in ihm wecken und ihn ungewollt dazu ermutigen, ihnen nachzulaufen. Angst und Unsicherheit spüren Hunde sehr genau. Kinder sollten, so schwer es fällt, versuchen sich so ruhig wie möglich zu verhalten und den Hund nach Möglichkeit einfach nur zu ignorieren.

Tipp: Lassen Sie Kinder nie unbeaufsichtigt mit Ihrem Hund allein. Auch wenn Ihr Hund sehr gut erzogen und kinderlieb ist, bleibt die Situation gefährlich. Selbst tierliebe, vernünftige Kinder können dem Hund aus Versehen Schmerzen zufügen oder ihn verärgern. Große Hunde können kleineren Kinder allein durch ihren Körperbau gefährlich werden.

Erziehung

Damit das Zusammenleben mit Ihrem tauben Hund reibungslos funktioniert, benötigt er Erziehung. Ist dies nicht der Fall, tanzt Ihnen Ihr Vierbeiner schnell auf der Nase herum und macht den Alltag mit ihm unerträglich. Um Ihren Hund richtig erziehen zu können, müssen Sie sich zunächst mit seinem natürlichen Sozialverhalten vertraut machen. Es ähnelt auch nach all den Jahren der Domestizierung immer noch stark dem seiner Vorfahren, den Wölfen. Innerhalb des Rudels gibt es eine klare Rangfolge, die jedes Mitglied einzuhalten hat. Hunde machen dabei anders als Ihre Ahnen keine geschlechtsspezifischen Unterschiede, es kann also sowohl ein Rüde als auch eine Hündin das Sagen haben.

Heutzutage leben Haushunde, zumindest in unserem Land, nur selten in größeren Gruppen. Die Familie, in welcher der Vierbeiner lebt, stellt daher sein »Rudel« dar und das Zusammenleben von Mensch und Hund funktioniert ein wenig unterschiedlich. Wie schon beschrieben kommunizieren und »ticken« Hunde ein wenig anders.

Taube Hunde bilden dabei noch einmal eine besondere Gruppe, da ihnen eben ein Sinn fehlt und sie diesen »Mangel« durch ihre eigenen Verhaltensweisen kompensieren. Von Tag eins an sollten Sie sich jedoch klar machen, dass Sie Ihrem tauben Hund keinen Gefallen tun, wenn Sie ihm aus Mitleid alles durchgehen lassen. Denken Sie immer daran: Ihr Hund kann ein ganz normales Leben führen. Es geht ihm gut und – er braucht kein Mitleid! Wenn Sie Ihrem Hund alles durchgehen lassen, weil er doch ein armes taubes Würmchen ist, dann nimmt er Sie bald nicht mehr ernst. Ein Vierbeiner, der seinen Besitzer nicht versteht, weil er nicht konsequent und für den Hund logisch nachvollziehbar handelt, wird nicht auf ihn hören. Behandeln Sie Ihren tauben Hund also mit derselben Konsequenz und Disziplin – und genauso viel Liebe und Zuwendung – wie einen gesunden Hund. Nur auf diese Weise kann sich ein gesundes Halter-Hund-Verhältnis entwickeln. Dies macht es umso wichtiger, dass Sie ihm von Anfang an seine Grenzen aufzeigen – und Sie müssen dabei konsequent sein. Konsequenz bedeutet keinesfalls Gewaltanwendung oder lautes Anschreien des Hundes – er hört Sie sowieso nicht. Es kommt lediglich auf klare, für den Hund verständliche und vor allem verbindliche Regeln und Befehle an. Hunde verstehen viele unserer Verhaltensweisen nicht: Ausnahmen etwa sind ihnen fremd. Verbieten Sie Ihrem Hund also ab und an in Ihrem Bett zu schlafen und erlauben es zu anderen Zeiten, ist diese Vorgehensweise für den Hund absolut unverständlich. Es wird ihm höchstens zeigen, dass Sie als »Chef« nicht geeignet sind. Hunde benötigen ein klares Regelwerk. Am besten überlegen Sie sich bereits vor der Anschaffung, was Sie Ihrem Hund erlauben möchten und was nicht.

Die Methoden, mit denen Sie einen tauben Hund erziehen können, unterscheiden sich dabei nicht großartig von denen, die bei der Ausbildung hörender Hunde erfolgreich angewandt werden. Allerdings werden Sie eben ein wenig mehr »körperliche« Arbeit haben. Es wird nie so sein, dass Sie Ihren Hund von der Couch aus bequem herbeirufen können, wenn Sie sich außerhalb seines Sichtfeldes befinden. Wenn Sie etwas von Ihrem Hund wollen, müssen Sie seine Nähe aufsuchen. Auch wenn dies nun vielleicht unheimlich mühselig klingt, keine Sorge: Es wird Ihnen schon bald in Fleisch und Blut übergehen, so dass Sie die scheinbare Anstrengung schon bald nicht mehr als solche wahrnehmen.

Das Wichtigste in der Erziehung eines tauben Hundes ist zweifelsfrei: Sie müssen als Hundehalter stets interessanter für Ihren Hund sein als alles andere, das ihn umgibt. Dies gelingt Ihnen, wenn Sie ihn durch Leckerlis, Streicheleinheiten, Spiel und Spaß dazu ermutigen, in Ihrer Nähe zu bleiben und aktiv Ihre Nähe zu suchen. Hierin liegt vielleicht der größte Unterschied im Zusammenleben mit einem tauben Hund: es ist sehr, sehr eng. Ihr tauber Hund braucht Ihre Nähe viel, viel stärker als ein hörender Hund. Darüber sollten Sie sich von Anfang an im Klaren sein. Ohne, dass Sie sich aktiv einbringen, kann diese Symbiose nicht funktionieren. Bei der Erziehung eines tauben Hundes kann es zudem sehr praktisch sein, wenn bereits ein zweiter, hörender (und gut erzogener) Hund bei Ihnen lebt. Ihr Täubchen wird sich rasch an diesem Artgenossen orientieren und sich erwünschte Verhaltensweisen bei ihm abschauen. Ein gut erzogener Artgenosse ersetzt Ihr Engagement als Halter jedoch nicht, es kann die Erziehung höchstens positiv beeinflussen.

Ein weiterer großer Unterschied zur Erziehung hörender Hunde ist jedoch zweifelsfrei die Kommunikation zwischen Ihnen und Ihrem Vierbeiner:

Sprich mit der Hand –
Kommandos per Sichtzeichen

Vielleicht wird es Ihnen in der ersten Zeit komisch vorkommen, wenn Sie mir Ihrem Hund per Sichtzeichen kommunizieren. Manche Kommandos werden vermutlich auch die Blicke anderer Passanten auf sich ziehen, wenn Sie mit Ihrem Vierbeiner in der Öffentlichkeit »reden«. Es hilft, wenn Sie trotz der Taubheit zusätzlich das Kommando aussprechen. Zum einen kommen Sie sich vielleicht gerade in der ersten Zeit etwas unbeobachteter vor – schließlich ist es nichts Ungewöhnliches, Sprache mit Gestik zu untermalen. Zum anderen sind taube Hunde sehr aufmerksam und achten sehr genau auf die Mimik des Menschen. Wenn Sie zum Beispiel mit Ihrem Hund schimpfen, können Sie Ihrem Hund ein »Nein«, sobald Sie es aussprechen und nicht nur über das Sichtzeichen kommunizieren, sehr viel deutlicher machen, dass Sie mit dem Verhalten Ihres Vierbeiners nicht zufrieden sind. Ihre Mimik wird das Kommando unterstreichen. Natürlich können Sie mit etwas Übung auch Sichtzeichen mit der dazugehörigen Mimik verbinden. Da wir Menschen jedoch hauptsächlich über Sprache kommunizieren, wird es Ihnen vermutlich anfangs helfen, Kommandos zusätzlich auszusprechen.

Übrigens: Die Zoologin und Hundeexpertin Dr. Patricia McConnell kommt in ihren Büchern zu dem Schluss, dass Hunde im Allgemeinen Sichtzeichen viel leichter und besser erlernen als Lautkommandos.[7]

Die nachfolgend aufgeführten Kommandos sind natürlich nur wenige Beispiele dafür, was Sie Ihrem Hund beibringen können. »Sitz«, »Platz«, »Bei Fuß« und »Nein« gehören zum sogenannten Grundgehorsam. Diese Befehle sollte Ihr Hund beherrschen, um einen reibungslosen Alltag für Sie und Ihre Mitmenschen garantieren zu können.

Bitte beachten Sie: Es gibt viele Mittel und Wege, Ihrem Hund die wichtigsten Kommandos beizubringen. Wichtig ist, dass sowohl Sie als auch Ihr Hund sich wohlfühlen, bei dem was Sie tun. Seien Sie geduldig und verzweifeln Sie nicht, wenn Ihr Hund nicht gleich auf Anhieb versteht, was Sie von ihm wollen. Jeder Hund hat sein eigenes Lerntempo, eigene Talente und natürlich auch Schwächen! Wenn Sie konsequent und beharrlich Ihre Übungen wiederholen, kann praktisch jeder Hund auf Sichtzeichen ausgebildet werden. Die folgenden Übungen sind nicht die Antwort auf alle Fragen, sondern sind lediglich als Anregungen gedacht. Sie können jede Art von Sichtzeichen verwenden, die Ihnen sympathisch ist und »locker von der Hand« geht. Achten Sie bloß darauf, dass die Kommandos klar und deutlich sind und nicht leicht mit anderen Sichtzeichen verwechselt werden können. Außerdem dürfen Sie die Bedeutungen von Sichtzeichen nicht einfach so wechseln. Was einmal »Sitz« heißt, muss auch »Sitz« bleiben. Sonst kommt nicht nur Ihr Hund, sondern bald auch Sie durcheinander!

Tipp: Wenn Sie sich Anregungen für Sichtzeichen holen möchten, schauen Sie doch einmal in ein Buch über Gebärdensprache hinein. Viele der Zeichen können Sie ganz leicht für Ihren Hund übernehmen. Andere Kommandos werden sich mit der Zeit ohne große Mühe aus Ihrem Alltag heraus ergeben, ohne, dass Sie den Hund speziell darauf trainieren werden.

»Hallo! Ich rede mit dir!«

Wenn Sie mit Ihren Händen kommunizieren, klappt dies natürlich nur, wenn Ihr Hund Sie auch ansieht. Verabschieden Sie sich lieber gleich von der Vorstellung, dass Ihr Hund auf Kommando automatisch nach Ihnen schaut. Leider funktioniert das

---

[7] Als weiterführende Lektüre eignet sich zum Beispiel: McConnell, Patricia B.: Das andere Ende der Leine, Kynos 2004.

nicht. Dennoch gibt es natürlich einige Möglichkeiten, mit denen Sie Ihren Hund auf sich aufmerksam machen können:

- Winken Sie, wenn er dies aus dem Augenwinkel sehen kann. Dann wird er Sie anschauen und Sie können kommunizieren.
- Stampfen Sie in seiner Nähe auf den Boden.
- Machen Sie das Licht an/aus.
- Klatschen Sie in der Nähe des Hundes in die Hände.
- Stupsen Sie ihn vorsichtig an.
- Schließen Sie die Türe. Der Luftzug wird ihn auf Sie aufmerksam machen.

Und das Wichtigste: Haben Sie immer Leckerlis in der Tasche und belohnen Sie ihn in fast schon übertriebenem Maße, wenn er von sich aus zu Ihnen schaut. In diesem Verhalten müssen Sie ihn in jedem Fall bestärken.

Loben
Bei allen Übungen und natürlich auch bei richtigem Verhalten im Alltag sollten Sie Ihren Hund sofort und unmittelbar loben, damit er das Lob mit der richtigen Verhaltensweise verknüpft. Die meisten Hunde sind sehr verfressen, daher lohnt es sich mit Hundekeksen und Leckerli zu arbeiten. Aber auch warme Worte (Ihr Hund bemerkt die liebevolle Mimik in Ihrem Gesicht sofort!) und streichelnde Hände sind wichtige Belohnungen für Ihren Hund.

Ich freue mich, dich zu sehen!
Es ist das vielleicht wichtigste Zeichen überhaupt, es ist vielseitig und flexibel einsetzbar und läuft doch immer auf dieselbe Bedeutung hinaus: »Schön, dass du da bist!«, »Ich freue mich, dich zu sehen!«, »Ich hab dich lieb!«. Taube Hunde sind extrem auf Ihren Menschen fixiert – und das ist auch gut so. Schließlich wollen wir uns als Hundehalter diese Fixierung zu Nutze machen. Es ist doch praktisch, wenn sich der Vierbeiner an uns orientiert und sich immer wieder erkundigt, ob wir noch da sind. Dies sollten Sie nicht nur stets belohnen, sondern auch motivieren – und zwar von Anfang an. Das Gute ist, dass Sie gar nicht viel tun müssen, um dem Hund dieses Zeichen beizubringen. Sie sollten immer ein paar Leckerlis in der Tasche haben (zumindest zu Beginn der Ausbildung Ihres Vierbeiners) und einfach nur aufmerksam sein. Wann immer Ihr Hund zu Ihnen schaut oder sowieso schon auf dem Weg zu Ihnen ist, ermutigen Sie ihn mit dem Sichtzeichen, zu Ihnen zu kommen – mit dem strahlendsten Lächeln in Ihrem Gesicht und natürlich einem leckeren Happen als Belohnung in der Hand. Liebe geht schließlich durch den Magen. Bei uns hat es sich bewährt und wie von selbst eingebürgert für dieses Kommando (das man nur schwer »Kommando« nennen kann, denn Sie wollen Ihrem Hund ja keinen Befehl geben,

sondern ihn nur wissen lassen, dass Sie a) noch da sind und b) ihn immer noch lieb haben – ja, Ihr tauber Hund braucht diese Art von Rückversicherung!) mit beiden Händen gleichzeitig wild hin und her zu winken. Stellen Sie sich vor, Sie beugen sich über einen Kinderwagen und sehen das süßeste Baby der Welt: Die Handbewegung für »Ich freue mich, dich zu sehen« dürfte Ihnen dann nicht mehr schwer fallen.

Anwenden können Sie dieses Zeichen zum Beispiel, wenn Sie nach Hause kommen und Ihr Hund Sie freudig begrüßt oder wenn Sie den Raum ohne Ihren Hund verlassen haben und er Ihnen folgt – sofern Sie ihm kein anderes Kommando gegeben haben. Bestätigen Sie ihn stets darin, nach Ihnen Ausschau zu halten und Ihre Nähe zu suchen. Dies ist für Spaziergänge ohne Leine unabdingbar! Nur, wenn Ihr Hund gerne in Ihrer Nähe ist und sich stets an Ihnen orientiert, können Sie Ihrem Hund den leinenlosen Auslauf bieten, den er für ein glückliches Hundeleben braucht.

Komm her!

Für Ihren tauben Hund ist regelmäßiger Auslauf ohne Leine, bei dem er sich auch einmal richtig auspowern kann, sehr wichtig. Auch, wenn Sie ohnehin darauf achten sollten, dass Sie Ihren Hund nur in einem verkehrslosen Gelände frei laufen lassen, kann immer mal eine Situation eintreten, in der es wichtig ist, dass Ihr Hund ohne Umwege sofort zu Ihnen zurückkommt. Dazu sollten Sie von Beginn an das Kom-

Chocolate weiß: Es lohnt sich zu Herrchen zu laufen, wenn er »ruft«.

mando »Komm!« einstudieren, indem Sie Ihren Hund, wenn er sowieso in Ihre Richtung läuft, ermutigen. Knicken Sie dazu Ihre Arme im Ellbogen zum Körper hin ab und bewegen Sie Ihre Hände in Richtung Ihre Rückens und vom Rücken zurück in pendelnden Bewegungen – in etwa so, als wollten Sie mit Ihren Händen Luft über Ihren Rücken fächern. Sobald Ihr Hund bei Ihnen ist, belohnen Sie ihn mit einem Leckerli und loben ihn mit Streicheleinheiten. Ihr Hund muss lernen: Es lohnt sich, wenn er zu Ihnen kommt und wenn er Sie im Auge behält.

Sitz!

Dieses Kommando ist äußerst praktisch und sollte in Ihrem Repertoire keinesfalls fehlen. Sie können es etwa anwenden, wenn Sie bei einem Spaziergang auf Hunde treffen, bei denen Sie absehen können, dass Ihr Vierbeiner keine Sympathien für diese hegt. Wenn Sie keine andere Route einschlagen können, lassen Sie Ihren Hund »Sitz« machen, bis der Artgenosse vorbeigegangen ist. Das Einstudieren dieses Kommandos ist nicht weiter schwer, erfordert jedoch zunächst einige Übung. Knien Sie sich neben Ihren Hund, in der linken Hand halten Sie ein Leckerli oder ein Stückchen Wurst. Am besten üben Sie diese Lektion, wenn Ihr Hund mit dem Rücken zur Wand steht und nicht nach hinten ausweichen kann. Führen Sie das Leckerli mit der linken Hand über den Kopf des Hundes, während Sie mit der rechten Hand das Sichtzeichen geben. Bei uns hat sich der erhobene Zeigefinger als »Sitz« bewährt. Da Ihr Hund

Der erhobene Zeigefinger bedeutet »Sitz!«

dem Leckerli mit dem Kopf folgen will, wird er sich setzen. Sobald er dies tut, belohnen Sie ihn und zeigen ihm noch einmal deutlich vor seinem Gesicht das Sichtzeichen. Nach ein paar Wiederholungen wird er schnell begreifen, was es mit dem erhobenen Zeigefinger auf sich hat.

Platz!

Wenn Ihr Hund das Kommando »Sitz« gut beherrscht, ist es Zeit einen Schritt weiterzugehen. »Platz« ist unter anderem ein praktisches Kommando für Gelegenheiten, in denen Sie mit Ihrem Hund (in der Öffentlichkeit) unterwegs sind. Im Auto, im Restaurant oder in der Bahn signalisieren Sie Ihrem Hund mit diesem Sichtzeichen »Ich habe alles unter Kontrolle. Entspann dich!« Beginnen Sie die Lektion, indem Sie Ihren Hund zunächst »Sitz« machen lassen. Legen Sie ihm dann ganz sanft – drücken Sie den Hund auf gar keinen Fall nach unten, sonst fühlt er sich unwohl und bedrängt – eine Hand auf den Rücken, so dass er weiß, dass er nicht aufstehen soll. Klemmen Sie mit der anderen Hand ein Leckerli zwischen Daumen und Handfläche und führen Sie die flache Hand dann von der Hundenase zum Boden. Aus dieser flachen Hand, die senkrecht zu Boden geführt wird, besteht Ihr Sichtzeichen. Am besten zeigen Sie Ihrem Hund vorher, dass Sie ein Leckerli in der Hand halten. Er wird aus reiner Neugier der Belohnung nach unten folgen und sich hinlegen. Auch bei dieser Lektion macht Übung den Meister.

Wenn Herrchen seine flache Hand zu Boden führt, ist es für Chocolate Zeit sich hinzulegen.

Bei Fuß!

»Bei Fuß!« ist immer dann praktisch, wenn Sie sich mit Ihrem Hund in der Öffentlichkeit bewegen, vor allem aber im Straßenverkehr oder überall dort, wo viele Menschen zusammenkommen. Bei diesem Kommando geht es darum, dass Ihr Hund in Ihrem Schritttempo ganz nah an Ihrem linken Bein läuft, so dass Sie ihn besser unter Kontrolle haben. Diese Übung ist nicht ganz einfach für Ihren Vierbeiner und es kann etwas dauern, bis er begriffen hat, was Sie sich von ihm wünschen. Vermutlich will er viel lieber vorausrennen und schnüffeln. Seien Sie daher geduldig mit ihm. Am besten üben Sie, wenn Ihr Hund vorher schon ein wenig die Hundepost studieren durfte, dann sind seine ärgsten Wünsche bereits befriedigt. Lassen Sie Ihren Hund zunächst neben sich Sitz machen. Wählen Sie dabei eine Position links von Ihnen, ganz nah an Ihrem Fuß. Halten Sie die Leine kurz und signalisieren Sie Ihrem Hund durch Klopfen mit der flachen Hand auf die Seite Ihres Oberschenkels, die zu ihm zeigt, dass es nun los geht. Das Klopfen ist Ihr Sichtzeichen für »Bei Fuß«. Gehen Sie wenige kleine Schritte und lassen Sie ihn wieder Sitz machen. Loben Sie ihn, wenn er auf diesen wenigen Schritten nah bei Ihnen geblieben ist. Sie sollten während des Kommandos keinen Zug auf der Leine spüren. Daher sollten Sie die Trainingseinheiten so aufbauen, dass Sie zunächst immer nur sehr, sehr kurze Abschnitte zurücklegen. Sonst laufen Sie Gefahr, dass sich Ihr Vierbeiner durch Passanten, Geräusche oder Tiere ablenken lässt. Wenn er kleine Strecken mühelos beherrscht, können Sie die Übung dann nach und nach ausweiten.

Wenn Chocolate »bei Fuß« gehen soll, klopfen wir mit der flachen Hand auf unseren Oberschenkel.

Bleib

Auch das Kommando »Bleib« ist im Alltag äußerst hilfreich. Immer dann, wenn Sie Ihren Hund zwar dabei haben wollen, jedoch auch sicherstellen möchten, dass er keinen Unsinn macht, lassen Sie ihn »Sitz« oder »Platz« machen und kombinieren dieses Kommando mit »Bleib!« Sie beginnen die Übung also damit, dass Sie Ihren Hund entweder »Sitz« oder »Platz« machen lassen. Führen Sie nun das Sichtzeichen für »Bleib!« ein. Dabei hat sich eine erhobene flache Hand bewährt, die mit der Innenseite zum Hund zeigt. Entfernen Sie sich nun langsam, zunächst rückwärts und nur ein oder zwei Schritte, von Ihrem Vierbeiner. Loben Sie ihn überschwänglich, wenn er nach dem Kommando in der gewünschten Position bleibt. Wählen Sie den Zeitraum, in dem das Kommando gilt, zunächst jedoch recht kurz. Auf diese Weise kann er Ihre Anforderungen leichter erfüllen und Sie haben beide schneller ein Erfolgserlebnis. Mit der Zeit können Sie die Übung dann allmählich sowohl zeitlich als auch räumlich ausweiten. Ihr ultimatives Ziel ist es dabei natürlich, dass Ihr Hund auch dann in seiner von Ihnen gewünschten Position bleibt, wenn Sie sich außerhalb seines Sichtfeldes befinden.

Nein! – »Die böse Hand«

Hunde lassen sich sehr viel Blödsinn einfallen. Darunter leidet manches Mal das Mobiliar, vereinzelte Schuhe oder auch mal eine Mahlzeit, die unbeobachtet auf dem Tisch stehen gelassen wurde. In solchen Momenten ist es praktisch, wenn Sie Ihrem Hund mit einem Sichtzeichen mitteilen können: »Dieses Verhalten ist hier nicht erwünscht.« Bei uns hat sich für Gelegenheiten dieser Art die »böse Hand« bewährt. Die »böse Hand« wird flach in senkrecher Position in der Höhe (bzw. etwas höher) des Hundes energisch hin- und herbewegt. Damit Ihr Hund rasch versteht, was die »böse Hand« zu bedeuten hat, sollten Sie dieses Zeichen von Anfang an einsetzen. Immer dann, wenn Ihr Hund etwas tut, das er nicht soll, unterbinden Sie sein Vorhaben, und zeigen ihm das Sichtzeichen. Sie können es beispielsweise sehr gut einbinden, wenn Sie die ersten Übungen von »Sitz« praktizieren. Befolgt er Ihren Befehl und setzt sich, loben Sie ihn mit Streicheleinheiten und einem Leckerli, versucht er dagegen wegzulaufen, zeigen Sie ihm die »böse Hand«. Auf diese Weise merkt er schnell: Wenn ich etwas falsch mache, gibt es nichts Leckeres, sondern diese blöde Hand. Am besten kombinieren Sie das Sichtzeichen mit einem ausgesprochenen »Nein!« Ihr Hund kann das Kommando zwar nicht hören, er achtet jedoch auch stark auf Ihre Mimik und wird sofort merken, wenn Sie ihn nicht mehr anlächeln.

Geben Sie Ihrem Hund, nachdem er etwas Verbotenes getan hat, ein Kommando, von dem Sie wissen, dass er es beherrscht und dass Sie ihn anschließend loben können. Dies verstärkt den Lerneffekt.

Körbchen! – Ab auf die Decke!

Im Alltag kann es durchaus praktisch sein, wenn Sie Ihrem Hund signalisieren können, dass er seinen Schlafkorb aufsuchen soll – beispielsweise wenn Besuch kommt,
der Angst vor Hunden hat. Diese Übung können Sie von Anfang an in Ihren Tages-
ablauf einbauen, sie erfordert nur, dass Sie Ihren Hund aufmerksam beobachten.
Wenn Ihr Hund dabei ist, sich in seinem Korb oder auf seiner Decke hinzulegen,
geben Sie ihm das Zeichen für »Körbchen!«, indem Sie Ihre flachen Hände aufein-
ander reiben. Wenn der Hund liegt, geben Sie ihm unmittelbar eine Belohnung in
Form eines Leckerlis. Ihr Hund wird sehr schnell herausgefunden haben, dass es eine
Belohnung gibt, sobald er sein Körbchen aufsucht und so können Sie ihn künftig auch
dann in seinen Korb schicken, wenn er nicht ohnehin auf dem Weg dorthin ist. Sie
benötigen wie so oft einfach ein wenig Geduld und sollten Ihren Hund in der ersten
Zeit immer mit einem Leckerli belohnen.

Wenn Chocolate keine Lust hat, ins Körbchen zu gehen, ignoriert sie das Zeichen, indem sie den Kopf
wegdreht.

Übrigens: Auch taube Hunde haben ab und an einfach keine Lust zu »hören«.
Chocolate dreht einfach den Kopf weg, wenn sie ein Kommando nicht befolgen
will – nach dem Motto »Entschuldigung, redest du mit mir? Hab ich nicht gesehen!«

Tipp: Scheuen Sie sich niemals professionelle Hilfe in Anspruch zu nehmen. Manche
Hunde brauchen einfach länger als andere, wenn es darum geht, Kommandos zu

erlernen. In der Hundeschule oder beim Hundepsychologen wird man Ihnen gerne mit Rat und Tat zur Seite stehen.

»Clicker-Training« für Hunde

Beim normalen Clicker-Training benutzen Hundebesitzer eine Art Knackfrosch, um ihren Hund auf gewünschte Verhaltensweisen zu konditionieren. Immer dann, wenn der Hund etwas gut gemacht wird, wird geclickert und (zumindest anfänglich) belohnt. Einen Knackfrosch können Sie bei einem tauben Hund natürlich nicht wirklich gut einsetzen, da er das bestätigende Geräusch nicht hören kann. Dennoch können Sie mit der Clicker-Methode arbeiten. Als Clicker-Ersatz haben sich beispielsweise LED-Lichter oder Laserpointer bewährt. Wenn der Hund eine Übung gut gemeistert hat, zeigen Sie ihm das Licht. Wenn Sie unterwegs sind, kann es jedoch etwas lästig sein, immer eine Leuchte mit sich herumzutragen. (Doch auch hierfür gibt es im Einzelhandel praktische Lösungen, etwa kleine Laserpointer mit kombiniertem LED-Licht, das Sie am Schlüsselanhänger befestigen können.) Außerdem kann Ihr Hund einen Laserpointer bei Tageslicht eventuell nicht so gut sehen. Daher können Sie auch anstatt des Clickers ein Sichtzeichen nutzen: das Zeichen für »Gut gemacht!« Welches Zeichen Sie nutzen, bleibt wie immer Ihrer Fantasie überlassen, gängig ist jedoch der auch bei uns Menschen gebräuchliche »Daumen nach oben«. Anders als die Leuchte können Sie Ihren Daumen auch nicht zuhause vergessen. Den haben Sie garantiert immer »griffbereit«.

Belohnen ist das A und O. Als Clicker-Ersatz eignet sich der »Daumen nach oben« hervorragend.

Keine schlafenden Hunde wecken?

Schlafende Hunde, so heißt es immer wieder, soll man nicht wecken. Natürlich steckt ein bisschen Wahrheit in diesem Satz. Hunde verschlafen den Großteil des Tages und gerade bei Welpen ist ein gesunder Schlaf für die körperliche und geistige Entwicklung unabdingbar. Sie sollten also darauf achten, dass Ihr Hund genügend Ruhe bekommt. Dennoch sollten Sie Ihren Hund frühzeitig damit vertraut machen, von Ihnen geweckt zu werden. Schließlich können Sie bei dringenden Terminen, zu denen Ihr Vierbeiner mit muss, nicht erst warten, bis Ihr Hund ausgeschlafen hat. Wie aber gehen Sie am besten vor? Wecken Sie Ihren Hund nach Möglichkeit immer mal wieder, indem Sie ihn ganz vorsichtig anstupsen, ihm vorsichtig ans Ohr pusten oder in einiger Entfernung mit dem Fuß auf den Boden stampfen. Sie können auch Ihre Hand vor seine Schnauze halten und ihn durch den sich ändernden Geruch aufwecken. Auf diese Weise wecken Sie ihn sanft und reißen ihn nicht erdbebenartig aus dem Schlaf. Sobald er wach ist und auf Sie aufmerksam wird, freuen Sie sich überschwänglich. Loben Sie ihn mit Streicheleinheiten und am besten einem Leckerli, so dass er die Störung mit etwas Positivem verbindet. Auch ein Lächeln Ihrerseits trägt zur guten Stimmung bei. Auch im wachen Zustand sollten Sie Ihren Hund »desensibilisieren«. Berühren Sie ihn immer mal wieder unvermittelt und sanft, wenn er Ihnen den Rücken zudreht und Sie nicht sehen kann. Anschließend freuen Sie sich ihn zu sehen und loben ihn. So sinkt allmählich seine Angst, sollte er für ihn unerwartet geweckt oder berührt werden. Gehen Sie dennoch sicher, dass Fremde Ihren Hund weder aus dem Schlaf reißen und für den Vierbeiner überraschend berühren. So vermeiden Sie unnötigen Ärger.

Auf der Terrasse in der Sonne zu dösen ist für Chocolate das Größte.

Mit dem tauben Hund unterwegs

Wer mit seinem Hund spazieren geht, trifft unterwegs immer wieder auf tierliebe Menschen. Auch wenn Ihr Hund sehr menschenbezogen, freundlich und gut erzogen ist, sollten Sie sich gut überlegen, ob Sie ihn von jedermann streicheln lassen. Nicht jeder Hund möchte von fremden Menschen angefasst werden. Verständlich – wir wollen das ja schließlich auch nicht. Im Zweifelsfall sollten Sie die Frage, ob Ihr Hund gestreichelt werden darf, besser verneinen. Falls Sie nichts dagegen haben, sollten Sie jedoch darauf achten, dass sich die Person Ihrem tauben Hund zunächst vorstellt – das heißt ihn zunächst an der Hand schnuppern lässt – und ihn auf gar keinen Fall überraschend oder gar von hinten anfasst. Im schlimmsten Fall könnte Ihr Hund schnappen und den Passanten verletzen – und das nicht aus böser Absicht, sondern aus dem bloßen, nachvollziehbarem Drang heraus, sich selbst zu schützen.

Wichtig: Gehen Sie auf Nummer sicher und sorgen Sie dafür, dass Ihr Hund eindeutig gekennzeichnet ist! Lassen Sie ihn tätowieren oder noch besser mit einem Mikrochip versehen. Vergessen Sie nicht, Ihr Tier bei Tasso oder dem Deutschen Haustierregister zu registrieren. Nur so können Sie im Falle eines Falles auch wirklich als Besitzer ausfindig gemacht werden. Befestigen Sie zusätzlich eine Hundemarke an seinem Halsband, auf dem Ihre Telefonnummer und am besten auch ein Hinweis auf die Taubheit des Tieres vermerkt sind.

Daniela Gottmann mit ihren Hunden Amica (links) und Elvis. Amica ist Chocolades Mutter.

Im Straßenverkehr

Die wahrscheinlich wichtigste Regel im Straßenverkehr lautet: Lassen Sie Ihren Hund niemals ohne Leine laufen! Egal, wie gut Ihr Hund erzogen ist und wie zuverlässig er auf Ihre Sichtzeichen reagiert, im Straßenverkehr können zu viele unvorhersehbare Situationen eintreten als dass Sie Ihren Hund zu jeder Zeit zu hundert Prozent unter Kontrolle haben könnten. Bedenken Sie, dass Ihr Vierbeiner sich von hinten nähernde Fahrzeuge nicht hören kann, er könnte in einem ungünstigen Moment auf die Straße laufen und so nicht nur sich selbst, sondern auch Menschen in Lebensgefahr bringen! Doch selbst wenn Ihr Hund brav auf dem Bürgersteig läuft, lauern auch dort Gefahren. Aus Garagenausfahrten und Höfen können jederzeit Fahrzeuge auftauchen, deren Fahrer Ihren Hund vermutlich nicht einmal sehen können. Ein Zusammenstoß mit einem Auto endet für die meisten Hunde tödlich, bei hohen Sach- oder gar Personenschäden werden Sie als Halter im schlimmsten Fall Ihres Lebens nicht mehr froh.

Zudem ist nicht jeder Passant ein Hundefreund, manche haben gar Angst vor Hunden. Kleine Kinder und ältere Menschen können durch einen unbedarften Sprung Ihres Tieres stürzen und sich verletzen. Verzichten Sie daher am besten auf den leinenlosen Spaziergang im Straßenverkehr und suchen Sie für Ihren Hund eine verkehrslose Hundewiese, auf der er gefahrlos herumtollen kann.

In Bus und Bahn

Auch, wenn Ihr Hund die Geräusche in öffentlichen Verkehrsmitteln nicht hören kann: Die vielen unterschiedlichen Gerüche und die Vibrationen können ihm zu Anfang durchaus Angst einjagen und ihn verunsichern. Führen Sie Ihren Vierbeiner daher ganz langsam an das Fahren in Bus und Bahn heran. Bewältigen Sie zunächst kleine Strecken und belohnen Sie ihn für braves und ruhiges Verhalten mit Streicheleinheiten und Leckerli. Am besten lassen Sie ihn »Sitz« oder »Platz« machen und so wenig Kontakt mit anderen Fahrgästen wie möglich aufnehmen. So wird er bald merken, dass das komische Schaukeln nicht nur nach kurzer Zeit ein Ende nimmt ohne ihm geschadet zu haben, er verbindet die Fahrt durch die Belohnung auch mit einem positiven Erlebnis.

Jagdtrieb

Es gibt noch einen weiteren wichtigen Grund dafür, dass Ihr Hund über absoluten Grundgehorsam verfügen muss, wenn Sie ihn ohne Leine laufen lassen wollen. Ursprünglich wurden viele der heute noch beliebten Hunderassen als Jagd- oder Hütehunde gezüchtet. Darunter fallen auch viele Rassen, bei denen genetisch bedingte Taubheit auftreten kann. Abgesehen von der menschlichen Einwirkung bringen Hunde natürlich auch noch eine Art genetische Vorbelastung mit: Durch die Abstammung vom Wolf verfügen sie noch immer über einen angeborenen Jagdtrieb. Wenn Sie kein Jäger oder Förster mit offizieller Genehmigung sind – und das sind die wenigsten von uns – kann dies beim Spaziergang in freier Natur schnell zum Problem werden. Sie können den Jagdtrieb Ihres Hundes nicht einfach abtrainieren, Sie können ihn höchstens kontrollieren – und dies geht höchstens durch perfekten Grundgehorsam. Bei manchen Tieren ist der Jagdtrieb aber so stark ausgebildet, dass Sie ihn niemals ohne Leine werden laufen lassen können. Wenn Ihr Hund einem Wildtier nachstellt, wird dies offiziell als Wilderei gewertet. Im schlimmsten Fall könnte Ihr Hund von einem Förster oder Jagdpächter erschossen werden, um das Wild zu schützen. Außerdem müssen Sie als Hundehalter mit einer empfindlichen Geldbuße rechnen. Ist Ihr Hund erst einmal ausgebüchst und hat Ihr Sichtfeld verlassen, um Reh, Hase oder Fasan nachzustellen, haben Sie keinerlei Chance mehr, ihn zu sich zurückzurufen. Selbst wenn er kein Wildtier erlegen oder verletzten sollte, könnte er sich verirren und nicht mehr zu ihnen zurückfinden. Schlimmstenfalls könnte er bei der Suche nach Ihnen auf eine Straße laufen und überfahren werden.

Auch, wenn Ihr Hund über wenig oder keinen Jagdtrieb verfügt, sollten Sie ihn in den Frühlings- und Sommermonaten anleinen. In dieser Zeit haben die meisten Wildtiere Nachwuchs – und manche von ihnen sind äußerst wehrhaft. Ein Zusammentreffen mit einem Wildschwein kann böse für Ihren Hund enden. Zudem kann sich Ihr Hund mit Krankheiten anstecken, zum Beispiel mit Würmern, die er über den Kot von Wildtieren aufnimmt.

Sie sehen also: Bei Fuß, Komm und Nein sind also unerlässliche Kommandos, die Ihr Vierbeiner ohne Wenn und Aber befolgen muss.

Übrigens: Auch beim tauben Hund sind viele Verhaltensprobleme hausgemacht. Wer seinen Hund ausreichend bewegt, geistig fordert und mit seinen Artgenossen zusammenbringt, hat meist einen ausgeglichenen fröhlichen Hund – das gilt auch für taube Vierbeiner!

Ach, das arme Tier! – Umgang mit Vorurteilen

Zunächst einmal: Vorurteile müssen nicht immer aus einer schlechten Absicht heraus entstehen. Die meisten Menschen wissen es einfach nicht besser. Ein typisches Beispiel ist ein Besuch mit Chocolate beim Tierarzt. Vermutlich kommt Ihnen die Szene bekannt vor: Ihr Nebenmann redet, während er auf die Sprechstunde wartet, pausenlos in Babysprache auf sein Haustier ein, bis er auf einmal beschließt, dass Ihr Hund noch ein wenig mehr Aufmerksamkeit gebrauchen könnte. Dann geht es los. »Ja, wer bist denn du? Ja, wer bist denn du? Mach mal Sitz! Sitz!«

Schnell fühlt man sich genötigt dem Nebenmann mitzuteilen: »Sie ist taub, sie reagiert nur auf Sichtzeichen.« Mitleidiger Blick. »Ach, das arme Tier!« Auch Mitleid ist in diesem Fall ein Vorurteil. Die meisten Menschen gehen pauschal davon aus, dass Taubheit das soziale Aus bedeutet und die Lebensqualität erheblich einschränkt. Sie übertragen Ihre eigene Angst vor einer solchen Behinderung auf den Hund. Doch wie schon in einem früheren Kapitel beschrieben, können wir bei der Taubheit des Hundes nicht mit menschlichen Maßstäben messen.

Wie können Sie also mit diesem nicht angebrachten Mitleid umgehen? Zum einen können Sie natürlich nicken und die Bemerkung ignorieren. Bedenken Sie jedoch, dass mit dem Bedauern der Taubheit der Gedanke einhergeht, ein tauber Hund könne kein normales und glückliches Leben führen – und dieser Gedanke hat überhaupt erst dazu geführt, dass taube Hunde als »Ausschuss« getötet wurden und in vielen Fällen, wenn auch nicht unbedingt in Deutschland, auch noch werden. Der beste Gegenbeweis sitzt doch außerdem vor Ihnen. Ihrem Hund fehlt außer seinem Gehör absolut gar nichts und er braucht kein Mitleid! – das können Sie Ihr Gegenüber ruhig wissen lassen.

Sport und Spaß

Lassen Sie sich aufgrund der Taubheit Ihres Hundes nicht einreden, dass er weder für die Hundeschule noch für Hundesport geeignet sei. Leider gibt es immer noch einige Hundeschulen und Hundesportvereine, die ungern mit tauben Hunden zusammenarbeiten oder es sogar ganz ablehnen, diese auszubilden. Lassen Sie sich nicht verunsichern und suchen Sie sich einen Verein oder Ausbilder, der Ihren Hund genauso ernst nimmt wie hörende Vierbeiner. Es gibt mittlerweile viele Hundeschulen, die sogar bevorzugt mit Sichtzeichen arbeiten oder diese zumindest parallel zur Ausbildung mit Hörzeichen einsetzen. Sollten Sie von einer Hundeschule also abgelehnt werden, ist dies kein Weltuntergang. Suchen Sie sich einfach einen anderen Ausbildungsplatz für Ihren Vierbeiner.

Wenn Sie Ihren Hund bereits im Welpenalter bekommen haben, sollten Sie ihn unbedingt zur Welpenstunde anmelden. Dort lernt er spielerisch den Umgang mit Artgenossen und kann das normale Sozialverhalten eines Hundes ausleben und ausbauen. Je früher Sie Ihren Vierbeiner mit Artgenossen vertraut machen, desto ausgeglichener und ruhiger werden Spaziergänge und Zusammenstöße mit anderen Hunden später für Sie (und auch für Ihren Hund) werden.

Den meisten Hunden genügen ein paar Runden um den Block am Tag nicht, um sie körperlich und geistig ausreichend zu fordern. Hundesport könnte eine gute Beschäftigung für ihn sein – auf dem Hundeplatz kann er sich nicht nur richtig austoben, die gemeinsame Freizeitgestaltung festigt gleichzeitig das Band zwischen ihm und Ihnen. (Und wem von uns kann ein wenig Extra-Sport schon schaden?)

Sport

Sobald Ihr Hund die wichtigsten Kommandos des Grundgehorsams beherrscht und ohne Wenn und Aber befolgt, kann es losgehen. Es gibt viele Möglichkeiten, den Tag mit Ihrem Hund sportlich zu gestalten, zum Beispiel:

Die Begleithundprüfung

Hier beweist Ihr Hund, dass er sich in der Öffentlichkeit anständig zu benehmen weiß: Beim Zusammentreffen mit Fußgängern, Fahrradfahrern oder anderen Hunden bleibt er gelassen und befolgt Ihre Anweisungen. Sie als Hundehalter dagegen zeigen Ihre Sachkunde, wenn es um das Führen eines Hundes geht. Die Begleithundprüfung ist das Tor zu vielen weiteren Prüfungen, die Sie mit Ihrem Hund ablegen können.

Ein paar Worte zu Wettbewerben und Prüfungen:

Immer wieder bekommen Besitzer tauber Hunde zu hören, dass ihre Hunde von Prüfungen des VDH und dhv (Deutscher Hundesport Verband) auszuschließen seien. Dies ist so nicht richtig: Taube Hunde können nur dann von einem Turnier ausgeschlossen werden, wenn die Prüfungsordnung ausdrücklich vorschreibt, dass beim Führen des Hundes lediglich Hörkommandos verwendet werden dürfen. Sie sollten sich also zunächst einmal die Prüfungsordnung der Disziplin, in der Sie mit Ihrem Hund starten wollen, anschauen. Sind Sichtzeichen erlaubt oder nicht ausdrücklich ausgeschlossen, sollten Sie sich mit dem Leistungsrichter in Verbindung setzen. Lassen Sie ihn wissen, dass Sie mit einem tauben Hund starten wollen, und erklären Sie ihm, welche Sichtzeichen Sie verwenden. Wenn Sie diese Dinge im Vorfeld der Prüfung besprechen, sollten in den meisten Fällen keinerlei Probleme auftauchen. Allerdings gibt es immer wieder Individuen im Hundesport, die in der Illusion leben, es könne so etwas wie den perfekten Hund geben, und die von einem falschen Ehrgeiz besessen sind. Taube Hunde passen in dieses Bild nicht hinein. Lassen Sie sich nicht verunsichern, wenn Sie an einen solchen Menschen geraten, sondern suchen Sie sich ganz einfach einen anderen Hundesportverein, in dem der Spaß an der Arbeit mit dem Hund im Vordergrund steht.

Agility funktioniert auch ohne Probleme mit Sichtzeichen.

Trimm-dich-Pfad für Hunde-Agility

Sobald Ihr Hund die wichtigsten Grundkommandos kennt, können Sie ihm mit Agility den Alltag ein wenig versüßen. Bei Agility geht es darum, einen Parcours aus den verschiedensten Hindernissen zu bewältigen. Unter anderem Slalomstrecken, Wippen, Tunnel und Gräben muss Ihr Hund bewältigen. Dabei kommt es weniger auf die benötigte Zeit als auf die möglichst fehlerfreie Durchführung der einzelnen Stationen an. Da beim Agility ohne Leine trainiert wird und Sie Ihren Hund allein durch Sichtzeichen lenken müssen, ist es wichtig, dass Sie und Ihr Hund ein gutes Team sind und dass Ihr Vierbeiner die Grundkommandos nahezu perfekt beherrscht. Außerdem sollten Sie als Hundehalter ebenfalls fit sein: Da Sie Ihren Hund nur mit Sichtzeichen führen können, müssen Sie sich natürlich auch auf dem Parcours stets in seinem Sichtfeld aufhalten. Das bedeutet: Mitlaufen! Das kann bei schnellen Hunden durchaus etwas anstrengend werden, macht aber auch eine Menge Spaß!

Tanzen mit dem Hund – Dogdance

Dogdancing ist gerade der letzte Schrei. Es verbindet Hundetricks wie Männchen machen oder um die eigene Achse drehen und Elemente aus dem Agility zu einer abwechslungsreichen Choreographie. Auch hierbei lenken Sie Ihren Hund bloß durch Sichtzeichen – sehr guter Grundgehorsam ist also auch beim Dogdancing Voraussetzung. Zu Musik sieht das Ganze dann aus, als würden Sie mit Ihrem Hund Tanzen – keine Sorge, Sie können auch mit einem tauben Hund teilnehmen! Auch hörenden Hunden geht es beim Dogdancing ganz sicher nicht um die Musik. Dennoch sieht Ihre Choreographie für Zuschauer natürlich am schönsten aus, wenn sie genau auf die verwendete Musik abgestimmt ist.

Apportieren einmal anders – Dog Frisbee

Auch das Dog Frisbee oder Disc-Dogging ist aus den USA zu uns herübergekommen. Was sich einfach anhört (Sie werfen eine Frisbee, Ihr Hund fängt sie), ist dann doch etwas komplizierter. Denn auch beim Dog Frisbee geht es darum, eine Choreographie aus verschiedenen Elementen zusammenzustellen und möglichst fehlerfrei aufzuführen. Dabei gibt es allerdings verschiedene Spielarten und mittlerweile sogar richtige Wettkämpfe: Wenn Sie sich nicht an eine vorgegebene Reihenfolge halten mögen, können Sie auch »Freestyle« spielen und verschiedene Elemente ganz spontan aneinanderreihen.

Spielideen für den tauben Hund

Wer braucht seine Ohren, wenn er riechen kann?

Ihr Hund kann zwar nicht hören, aber das ist auch nicht weiter schlimm. Er orientiert sich sowieso eher über seine feine Nase – und er liebt es herumzuschnüffeln. Nicht nur Jagdhunde begeben sich gerne auf Spurensuche, auch Ihr Hund ist ganz sicher für ein wenig Fährtenarbeit im eigenen Garten – oder unterwegs während des Spaziergangs – zu haben. Bei schlechtem Wetter kann ein Nasenspiel auch ganz einfach ins Wohnzimmer verlegt werden. Anstatt sein Futter wie gewöhnlich in der Schüssel zu servieren, können Sie Ihren Vierbeiner ab und an ruhig etwas »arbeiten« lassen. Knapsen Sie etwas Trockenfutter von der täglichen Ration ab und verstecken Sie ein paar Brocken. Wählen Sie den Radius, in dem Ihr Hund auf die Suche gehen soll, zunächst sehr klein. So wird er mit seiner feinen Nase gleich merken, dass es etwas Leckeres zu entdecken gibt und sich auf die Suche machen. Ganz nebenbei können Sie ihm noch ein Sichtzeichen beibringen. Wenn er am Boden schnüffelt und ab und an zu Ihnen aufsieht, signalisieren Sie ihm mit dem von Ihnen gewählten Zeichen, dass er weitersuchen soll. Wir klatschen dazu immer in die Hände und reißen dann die Hände wie zu einer Umarmung auseinander. Wiederholen Sie das Signal, wenn Ihr Hund das Leckerli gefunden hat und animieren Sie ihn zum Weitersuchen. Nach einer Weile wird er gemerkt haben, das Ihr komisches Signal bedeutet, dass irgendwo am Boden etwas Gutes für ihn versteckt ist. Erweitern Sie von Mal zu Mal den Schwierigkeitsgrad Ihres Suchspiels, damit es nicht langweilig wird. Nicht nur das »Einsatzgebiet« kann größer werden, Sie können auch beim Gelände mehrere Schwierigkeitsgrade entwickeln: Im hohen Gras, zwischen Kieselsteinen oder auch in einem alten Waschzuber – lassen Sie sich etwas einfallen! Da ein tauber Hund sehr genau beobachtet, müssen Sie darauf acht geben, dass er nicht im Vorfeld schon mitbekommt, wo Sie die Leckerlis verstecken. Ja, auch Hunde schummeln! Um das Spiel in Ruhe vorbereiten zu können, dürfen Sie Ihren Vierbeiner ruhig für ein paar Minuten vor die Zimmertür setzen oder kurz mit einem Spielzeug ablenken.

Unser Jack hat mit Vorliebe sein Lieblingsspielzeug im Garten gesucht. Er konnte gar nicht genug davon bekommen. Wenn Chocolate allerdings beim Verstecken des Balls in der Nähe stand, beobachtete sie ganz genau, wo wir das Spielzeug platzierten. Kaum machte sich Jack auf die Suche, stürmte Chocolate los – zielstrebig dorthin, wo wir Jacks Spielzeug versteckt hatten. Auch Hunde können Spielverderber sein ...

Spiele für kluge Hunde

Ihr Hund mag ein taubes Nüsschen sein, aber er ist ganz sicher nicht dumm! Die Wissenschaft ist sich mittlerweile einig, dass viele Hunde sogar intelligenter sind als Delphine oder auch Affen. Daher sollte Ihr Vierbeiner nicht nur körperlich, sondern auch geistig gefördert werden. Denkspiele versüßen mit ein paar kniffligen Aufgaben und leckeren Belohnungen den Alltag. Und das Beste: Sie können sie ganz leicht selbst basteln!

Viele Kleinigkeiten für ein Spielchen zwischendurch finden Sie im Haushalt. Ein paar leere Joghurtbecher sind schnell ausgewaschen und zum »Hütchenspiel« umfunktioniert. Verstecken Sie etwas Leckeres unter einem der »Hütchen« und lassen Sie Ihren Hund erschnüffeln, wo sich die Belohnung versteckt.

Wer seinen Hund besonders fordern möchte, kann ein etwas komplizierteres Spiel anbieten. Legen Sie sein Lieblingsspielzeug und eine Schüssel bereit. Wieder verschwindet gleich daneben die Belohnung unter einem Becher. Doch bevor Ihr Hund an das Leckerli darf, muss er zunächst das Spielzeug in die Schüssel legen.

Hobbyheimwerker können natürlich mit etwas Holz aus dem Baumarkt ein langlebigeres Spiel zimmern, das auf dem gleichen Prinzip beruht. Diese bestehen aus einem Brett, in die einige Vertiefungen eingebracht wurden. Dort hinein legen Sie die Leckerlis. Damit Ihr Hund sich jedoch nun nicht so einfach bedienen kann, legen Sie das jeweils dazugehörige »Hütchen« auf die Öffnungen. Diese können Sie ganz leicht aus den herausgeschnittenen Teilen fertigen, an die Sie am besten zuvor noch einen »Griff« in Form von beispielsweise eines Schubladenknopfes anbringen.

Wer handwerklich nicht so geschickt ist oder einfach keine Lust auf Bastelarbeiten hat, findet natürlich auch im Zoohandel eine mittlerweile breite Palette an Intelligenzspielen.

Beispielhafte Erfahrungen anderer Hundehalter

Natürlich ist es eine Sache gute Ratschläge und theoretische Überlegungen darüber zu lesen, wie das Leben mit einem tauben Hund funktionieren kann. In der Praxis kann alles schnell anders aussehen. Daher sollen im Folgenden andere Hundehalter zu Wort kommen, die exemplarisch von den Erfahrungen mit ihren tauben Schützlingen erzählen. Ich hoffe, diese Erfolgsgeschichten machen Ihnen Mut, sich auf das Abenteuer »tauber Hund« einzulassen.

Tamara Kerbler berichtet von ihrer beidseitig tauben französischen Bulldogge Chilly:

Chilly wurde am 20.03.2004 geboren. Ich selber habe sie über das Internetportal www.tierfreunde.at gefunden. Zu diesem Zeitpunkt wusste ich noch nicht, dass sie taub ist. Die Kleine war damals acht Wochen alt und es war Liebe auf den ersten Blick. Bereits nach einer Woche hatten wir schon den Verdacht, dass etwas nicht mit ihr stimmt und sind zum Tierarzt gefahren. Dieser bestätigte uns, dass Chilly beidseitig taub ist. Damit fing alles an: Ich wusste wirklich nicht, wie das Zusammenleben mit einem tauben Hund funktionieren soll und habe mich daher im Netz schlau gemacht Mit viel Geduld und vielen Leckereien lernte Chilly super schnell, dass es im Leben Regeln gibt, die es einzuhalten gilt.

Nun hält sie sehr viel Blickkontakt, auf diese Weise ist es möglich, sie auch ohne Leine laufen zu lassen. Sobald ich die Leine in die Luft halte oder nur damit herumfuchtle, bleibt sie sofort stehen und setzt sich hin. Das haben wir ihr noch nicht einmal beigebracht. Das gehört zu den Dingen, die von heute auf morgen einfach funktioniert haben und die sie sich praktisch selbst beigebracht hat.

Für mich war es immer ein wichtiger Aspekt im Umgang mit ihr, mich

Chilly

total auf den Hund einzulassen und auf ihre Reaktionen zu achten. Ich habe Zeichen ständig wiederholt, bis es schließlich »saß«. Chilly ist allerdings auch sehr lernwillig. Sie fixiert die Hände und das Gesicht eines Menschens. Es ist immer wieder lustig mit anzusehen, wenn ich mich mit anderen Menschen unterhalte, die ihre Worte mit Gestikulieren untermalen. Chilly hält stets den Kopf schief und versucht herauszulesen, über was wir uns gerade unterhalten. Ich bin mir sicher, dass es die Kommunikation mit einem tauben Hund vereinfachen würde, wenn man sich Zeit nähme, Gebärdensprache zu erlernen. Viele Zeichen könnten für den Hund übernommen werden und unser »Wortschatz« könnte sicher um einiges erweitert werden.

Im Grunde genommen ist Chilly nicht anders als andere Hunde. Sie bellt nur etwas weniger und kann mit dem Bellen und Knurren ihrer Artgenossen natürlich nicht viel anfangen. Für sie ist alles nur ein Spiel. Wenn die Kleine einmal keine Lust hat zu »hören«, schaut sie einfach weg. Diesen Trick hatte sie sehr schnell raus.

Mittlerweile beherrscht Chilly viele Kommandos: Sitz! (Daumen nach oben), Platz! (flache Hand nach unten), Fuß! (mit dem Zeigefinger nach unten zeigen), Geh auf deinen Platz! (mit der Hand in die Richtung zeigen, in die sie gehen soll), Leg dich auf den Rücken! (die Hand wie eine Pistole halten), Dreh dich wie ein Kreisel! (mit Daumen, Zeigefinger und Mittelfinger kreisende Bewegungen machen), Gib Laut! (mit Zeigefinger und Mittelfinger auf das Auge deuten). Fast am Wichtigsten für mich ist das Zeichen, dass ich sie lieb habe und dass sie etwas gut gemacht hat (Zeigefinger und kleinen Finger hin und her bewegen). Wenn sie Blödsinn macht, zeige ich ihr den Zeigefinger und ich stampfe mit dem Fuß auf den Boden, dann legt sie sich sofort auf den Rücken. Ich habe die Erfahrung gemacht, dass diese Zeichen nicht nur sehr gut funktionieren, sondern dass Chilly besser gehorcht als ein hörender Hund, weil sie eben nicht durch Nebengeräusche abgelenkt werden kann.

Chilly ist mit allem und jedem verträglich, Hunde ob groß oder klein sind genauso wenig ein Problem wie Meerschweinchen oder Igel. Für sie ist alles lustig und spannend. Das einzige, dass sie bis heute nicht verstanden hat, ist Apportieren. Wenn sie etwas zurückbringen soll, kommt ihr immer ein Blümchen dazwischen, an dem sie schnuppern muss. Wenn es ganz besonders gut riecht, wird es auch mal gefressen.

Sie ist ein fröhlicher Hund, der gerne auch mal den Kasper spielt und vor allem beim Spiel mit anderen französischen Bulldoggen total aufdreht.

Als Chilly zu uns kam, lebte noch ein zweiter Hund bei uns, an dem sich die Kleine stark orientierte. Meiner Meinung nach ist es sehr hilfreich einen zweiten Hund im Haus zu haben, wenn man einen tauben Vierbeiner zu sich holt. Mittlerweile sind wir beide auch zu zweit ein Spitzenteam. Wenn es ihr schlecht geht, sehe ich das sofort und umgekehrt, merkt Chilly direkt, wenn es mir nicht gut geht. Das Zusammenleben mit ihr ist einfach wunderschön und ich würde sie für nichts in der Welt eintauschen wollen. Sie ist das Beste, das mir je passiert ist. Die Beziehung zwischen uns ist einfach eine ganz besondere. Alle, die Chilly kennenlernen, sind von ihr begeistert und wollen sie am liebsten mitnehmen.

Zu Beginn war eine meiner größten Ängste, dass sie durch ihre Behinderung zum Angstbeißer werden könnte. Diese Gefahr haben wir so gelöst, dass wir sie zu den unmöglichsten Zeiten aufgeweckt oder leicht erschreckt haben. Gleichzeitig jedoch wurde sie von uns belohnt und gestreichelt. Das hat für uns wunderbar funktioniert. Wenn ich sie erschrecke, legt sie sich gleich auf den Rücken. Chilly hat noch nie gebissen. Sie kann auch gut mit Kindern und lässt sich einfach alles gefallen, egal ob Fressen wegnehmen oder halt einfach wildes Kindergeschubse. Chilly bleibt einfach immer ruhig und ist sehr ausgeglichen.

Außerdem fährt sie sehr gerne mit dem Auto. Egal ob ich sie dann im Auto auf mich warten lasse (natürlich nicht bei Hitze oder Kälte) oder sie zu meinen Terminen mitnehme – es ist immer schöner für sie, mit dem Auto mitzufahren als zuhause bleiben zu müssen. Auch, wenn wir nur kurz getrennt sind, herrscht bei unserem »Wiedersehen« eine enorme Wiedersehensfreude. Chilly bleibt jedoch auch sehr gut für ein paar Stunden allein zu Hause. Dass ich bis mittags arbeite, ist für sie überhaupt kein Problem, da sie sowieso den halben Tag verschläft. Teilweise muss ich meine kleine Schnarchnase dann sogar wecken.

Natürlich gab es auch Momente in unserem Leben, in denen ich mir gewünscht habe, dass Chilly hören könnte, beispielsweise vor Narkosen beim Tierarzt. Ich habe mich etwas hilflos gefühlt und hätte gerne gut auf sie eingeredet. Aber ich glaube, mittlerweile funktioniert so etwas bei uns auch mit Telepathie. Zusammengefasst muss ich sagen: Für mich gibt keinen besseren Hund als meine kleine Chilly und ich würde sogar einen tauben Hund vorziehen – falls ich mir wieder mal einen zulegen werde.

Simona Peters erzählt ihre Geschichte aus der Sicht ihrer beidseitig tauben Hündin Luna, einem Husky-Mix:

Hallo ihr Lieben, hier kommt meine Geschichte:
Ich wurde im Frühjahr 2002 sehr lieblos von meiner früheren Familie mit den Worten »Wir wollen diesen Hund nicht mehr« im Tierheim abgegeben. Schon bald hat meine Betreuerin festgestellt, dass mit mir etwas nicht stimmt. Ich habe mir zwar nichts anmerken lassen, war freundlich zu jedem Mensch und Hund, bin im Freilauf herumgerannt, habe getobt, Stöckchen apportiert und war eben ganz Hund! Nur auf Zuruf habe ich einfach nicht reagiert. Erst dachten alle, dass ich überhaupt keine Erziehung genossen habe, ich war schließlich schon fast ein Jahr alt. Aber als ich, obwohl ich sehr verfressen bin, auch noch das Abendessen fast verschlafen hätte, trotz des Lärmpegels zu dieser Zeit im Tierheim, war allen klar – ICH BIN TAUB! Also musste eine Zeichensprache für mich her, das war aber gar nicht so einfach für die

Luna

Menschen, da für sie die Sprache sehr wichtig ist. Welche Zeichen sollten sie verwenden? Welche Regeln sollten sie beachten? Wie bringt man das alles einem tauben Hund bei? Die Lösung war gar nicht so schwer, da ich ja »nur« taub, aber nicht dumm bin. Meine Betreuerin hat angefangen mir zu winken, wenn sie wollte, dass ich zu ihr komme. Das habe ich natürlich gleich kapiert, da ich dann immer sehr gelobt wurde (natürlich oft auch mit einem Stückchen Wurst). Schnell lernte ich auch Zeichen für »SITZ« und »PLATZ«. Allerdings mussten die Zeichen sehr deutlich sein, auf wildes Fuchteln mit den Händen habe ich sehr nervös reagiert und all mein Können dargeboten, in der Hoffnung einen Treffer zu landen. Im Tierheim wurde ich trotz meines Lernwillens als schwer vermittelbar eingestuft, denn wer nimmt schon einen tauben Hund? Ende Juni 2002 hatte ich aber Glück, da haben mich mein neues Frauchen und Herrchen nach mehreren Besuchen und Spaziergängen mit meiner Betreuerin und mir aus dem Tierheim geholt.

Jetzt wohne ich in einem kleinen blauen Häuschen mit Garten auf dem Land. Allerdings muss ich alles mit zwei Katzen teilen, aber für mich ist auch das kein Problem. Mit dem Kater schmuse ich schon manchmal, ich glaube, der ist in mich verknallt, nur die Katze ist eine Zicke, bei der muss man aufpassen, die hat flinke Pfötchen!

In der ersten Woche bei meiner neuen Familie habe ich mich natürlich nur von meiner besten Seite gezeigt und auf jedes Handzeichen sofort entsprechend reagiert. Deshalb durfte ich auch gleich von der Leine, da konnte ich mal zeigen wie schnell ich rennen kann, denn in mir steckt ja auch ein bisschen Husky drin!

In der zweiten Woche habe ich meine neue Familie dann aber fast zur Verzweiflung gebracht, ich wollte einfach nicht mehr »hören«. Na ja, ihr wisst schon: Die Hormone! Frauchen und Herrchen mussten ganz schön aufpassen, da ich mich vor jeden Rüden geworfen habe, auch wenn der noch so klein war! Bei meiner neuen Familie geht es mir einfach super, wir machen jeden Tag tolle Spaziergänge, ich habe viele neue Freunde gefunden und entdecke jeden Tag etwas Neues. Ach ja, neulich sind wir abends spazieren gegangen, die Sonne stand schon recht tief und ich bin die Kornfelder entlang gerannt, da hat mich immer so ein schwarzer Hund verfolgt, der war etwas größer als ich, aber genauso schnell und immer wenn ich ihn anspringen wollte ist er im Kornfeld verschwunden! Das hat mich ganz verrückt gemacht und Frauchen hat mich auch noch ausgelacht! Aber wenn ich den erwische ..!

Seit dem Jahr 2003 hat sich unser Rudel um einen weiteren Hund vergrößert. Scooby ist ein richtiger Angsthase, der erschreckt sich vor jedem Geräusch. Das kann mir nicht passieren! Wenn ich schlafe, dann schlafe ich! Manchmal erschrecke ich schon, wenn ich aufwache und wir haben Besuch, der es sich schon längst auf dem Sofa bequem gemacht hat. Wie die es nur immer schaffen so unbemerkt an einem Wachhund wie mir vorbeizuschleichen?

Scooby profitiert sehr von meiner Ruhe und Gelassenheit und ich profitiere von seiner Körpersprache und »höre« durch ihn viele Dinge, die ich früher einfach nicht bemerkt habe. Anfangs war das für mein Frauchen sehr anstrengend, da ich meinen Jagdinstinkt entdeckt habe – und zu zweit macht jagen noch viel mehr Spaß!

Jetzt bin ich aber ein ganz braves Mädchen geworden und bleibe immer in der Nähe meines Frauchens. Nur Scooby haut noch gerne immer mal wieder ab, aber mit dem schimpfe ich dann immer, wenn er wieder kommt.

2004 hatte ich das große Glück, dass mein Frauchen mit mir ein Wochenende beim Schweizer Hundetrainer Hans Schlegel verbracht hat. Denn dort wird kein Wert auf mündliche Kommunikation gelegt, sondern mit Energien, den Gesetzmäßigkeiten von Ursache und Wirkung und herzlichem Streichellob gearbeitet. Das hat nicht nur mein Selbstbewusstsein, sondern vor allem das meines Frauchens gestärkt!

Heute beherrsche ich 15 Zeichen und lebe ein ganz normales Hundeleben. Sehr oft glauben die Menschen gar nicht, dass ich taub bin. Sogar die Begleithundeprüfung habe ich mit Bravour bestanden! So, nun wisst ihr alle, dass auch ein tauber Hund ein glücklicher und folgsamer Hund sein kann und eine Behinderung nicht unbedingt behindern muss !

Viele Grüße Luna

Anette Otterbach teilt ihre Erfahrungen mit der griechischen Straßenhündin Kyra, ebenfalls beidseitig taub:

Unser Leben mit Kyra, einer Straßenhündin aus Griechenland, die seit ihrer Geburt taub ist, verläuft völlig problemlos und ist wunderschön. Kyra ist ein besonders feinfühliger und sehr liebevoller Hund. Sie liebt ganz besonders Kinder und merkt auch, wenn Kinder geistig behindert sind. Auf diese geht sie immer besonders vorsichtig zu und kuschelt sich an sie heran, gerade so als ob sie ihnen sagen wollte: Ich mag dich genau so, wie du bist. Sie ist einfach eine Seele von Hund – unglaublich lieb und sehr gemütlich. Probleme mit ihr gibt es eigentlich keine. Wir müssen natürlich ein wenig auf sie achten, wenn sie ohne Leine läuft – aber das ist nicht schlimm. Wir haben noch eine zweite Hündin die sehr unsicher ist. Auch sie hat ein schlimmes Schicksal

Kyra

im Ausland hinter sich. Sie wurde in einer Mülltonne in Italien gefunden. Sie orientiert sich sehr an Kyra, wobei es eigentlich andersherum sein müsste. Aber Kyra wickelt alle um den kleinen Finger. Für nix in der Welt geben wir die Maus wieder her. Doch leider ist sie schon älter und daher sind wir uns sicher: Der nächste Hund wird garantiert wieder ein behinderter Hund aus dem Ausland sein.

Es ist so schön, wenn man sieht wie diese Hunde aufblühen und sich freuen, dass sie einfach nur so sein dürfen wie sie eben sind und trotzdem geliebt werden.

Ich kann es jedem nur empfehlen, auch wenn Kinder im Hause sind. Ich würde sogar sagen: gerade dann. Im Zusammenleben mit Hunden lernen Kinder gleich, dass nicht jeder perfekt sein kann und dass man trotzdem ein sehr guter Freund sein kann. Wer Kyra besuchen möchte, kann sich gerne bei uns melden.
(nina_otterbach@yahoo.de)

Tierarztpraxen mit Audiometriegeräten

Nachfolgend finden Sie eine Liste mit Tierärzten in Deutschland, die eine Audiometrie durchführen. Diese Aufzählung erhebt keinen Anspruch auf Vollständigkeit und stellt auch keine Empfehlung der aufgeführten Ärzte dar.

04103 Leipzig: Universität An den Tierkliniken 23, Telefon: 0341-9738700 http://www.kleintierklinik.uni-leipzig.de

04451 Panitzsch: Dr. Michael Kühn Carl-Benz-Straße 2, Telefon: 034291 - 20276 http://www.tierdoctor-online.de

06886 Luth. Wittenberg: Tierklinik Wittenberg Fröbelstraße 25, Telefon: 03491-663015, http://www.kleintierklinik-wittenberg.de

07745 Jena: Dr. Iris Schaub Waldstraße 23, Telefon: 03641-609360 http://www.tierarztpraxis-schaub.de

14193 Berlin: Dr. J. Kröger Hagenplatz 1, Telefon: 030-81056852 http://www.kroeger-tierarzt.de/

14193: Berlin Dr. Loser & Schickert Karlsbader Str. 1, Telefon: 030 - 8261814

21409 Oerzen: Dr. Koch Osterwiese 10, Telefon: 04134-354 http://www.tierklinik-oerzen.de/

21465 Reinbek: Tierarzt Alexander Heere Langenhege 57, Telefon: 040-78109960 http://www.tierarztpraxis-heere.de

23795 Bad Segeberg: Dr. M. Schroedter Ziegelstr. 51, Telefon: 04551-6445 http://www.praxisfuerkleintiere.de

30173 Hannover: Tierärztliche Hochschule Bischofsholer Damm 15, Telefon: 0511-8567253 http://www.tiho-hannover.de/einricht/klt/

33719: Bielefeld Tierärztliche Klinik Dr. Lüttgenau Bechterdisser Str. 6, Telefon: 0521-260370 http://www.tierklinik-bielefeld.de

34289 Zierenberg: Dr. Roland Schulz Niederelsunger Str. 20, Telefon: 05606-1333 http://www.tierarzt-kassel.de

35392 Gießen: Tierärztliche Hochschule, Chirurgie Frankfurter Str. 108, Telefon: 041-9938666 http://www.vetmed.uni-giessen.de/kleintierklinik

35452 Gießen: Dr. Willy Neumann: Am Drosselschlag 25, Telefon 0641-66646 http://www.vetmed.de

37520 Osterode: Dr. Th. Grammel Schillerstr. 17-19, Telefon 05522-90060 http://www.dr-grammel.de

40668 Meerbusch: Dr. Jens Diel Uerdinger Str. 74, Telefon: 02150-705732 http://www.tierarzt-meerbusch.de

45659 Recklinghausen: Kleintierklinik Berthold Menzel Dr. Gregor Hauschild Am Stadion 113, Telefon: 02361-57833 http://www.kleintierklinik-menzel.de

47058 Duisburg: Dr. Rohrbach Wintgensstr. 81-83, Telefon: 0203-333036 http://www.tierklinik-kaiserberg.de

47918 Tönisvorst: Dr. W. Bulgrin Willicher Str. 18, Telefon: 02151-700103 http://www.tierarzt-bulgrin.de

49565 Bramsche: Tierklinik Grußendorf, Dr. Schmidt Wiechmanns Eck 2, Telefon: 05461-94100 http://www.tiergesundheitszentrum.com

51789 Lindlar: Tierarztpraxis C. Heider, Andrea Bathen-Nöthen Bahnhofstr. 9, Telefon: 02266 / 4799-112 http:// www.vetneuro.de

51381 Leverkusen: Tierklinik Fixheide, Dr. J. J. Wodecki Bürgerbuschweg 5, Telefon: 02171/89809

54294 Trier: Dr. L. Kornberg Penninger Str. 57, Telefon: 0651-938660 http://www.tierklinik-trier.de

59227 Ahlen: Dr. Gereon Viefhues Bunsenstr. 20, Telefon: 0 23 82 /-8 33 33 http://www.tierklinik-ahlen.de

65199 Wiesbaden: Dr. Florian König Am Berggewann 13, Telefon: 0611-422250 http://www.neurovet.de

66583 Elversberg: Dr. Pack & Dr. Scherer Hüttenstr. 20, Telefon: 06821-179494 http://www.tierklinik-elversberg.de

67366 Weingarten: Dr. Christopher Frede Hauptstr. 104a, Telefon: 06344-5654

68623 Lampertheim: Dr. E. & Dr. S. Zimmermann An der Tuchbleiche 38, Telefon: 06256-859090

71397 Leutenbach: Dr. R. Erath Winnender Str. 17, Telefon: 07195-8407

78187 Geisingen: Dr. Antonietta Pallavicini Karl-Wacker-Str. 4, Telefon: 07704-358219

80539 München: Uni München, Med. Tierklinik Veterinärstr. 13, Telefon: 089-21806236 http://www.medizinische-kleintierklinik.de

83451 Piding: Dr. Th. Gödde Heurungstr. 10, Telefon: 08651-78878 http://www.tier-arzt-piding.de

85540 Haar: Dr. Konrad Jurina Keferloher Str. 25, Telefon: 089-37508600 http://www.tierklinik-haar.de/

86850 Fischach: Dr. Margot Fluhr Am Ährenfeld 3, Telefon: 08236-1077

95445 Bayreuth: Dr. Helmut Zartner Braunhofstr. 40, Telefon: 0921-45588

97337 Dettelbach: Dr. Kai Rentmeister Mainfrankenpark 16b, Telefon: 09302-932210 http://www.tierneurologie.de/

In Österreich ist die Auswahl nicht ganz so groß:

3412 Kierling: Tierambulanz Kierling Reißgasse 17, Telefon: 0043 2243/87528, www.kierling-tierarzt.at

4210 Engerwitzdorf: Kleintierordination Mittertreffling Dr. Biberauer Wagnerweg 2, Telefon: 0043 732/50550, www.kleintier-ordination.com

Über die Autorin:

In einer Familie mit Hunden, Meerschweinchen, Kaninchen und Wellensittichen aufgewachsen, war Jennifer Willms seit jeher in Tiere vernarrt und dem Tierschutzgedanken verschrieben. Nach ihrem Studium der Literatur-, Politik- und Filmwissenschaft sowie dem Journalismus ist sie deshalb seit 2008 auch ehrenamtlich für ein örtliches Tierheim tätig. Als freie Journalistin und Autorin hat sie bereits einige Bücher über das Zusammenleben mit Hunden verfasst. Im Moment lebt sie mit ihrer tauben Dalmatinerhündin Chocolate zusammen, die sie zum Schreiben dieses Buchs inspiriert hat.

Jennifer Willms und Chocolate

Tipps zum Weiterlesen:

Viviane Theby und Michaela Hares: Das große Schnüffelbuch. Nasenspiele für Hunde. Kynos Verlag, 2010.

Viviane Theby: Die Hunde-Uni. Schlaue Aufgaben für schlaue Hunde. Kynos Verlag, 2008.

Patricia B. McConnell: Das andere Ende der Leine. Was unseren Umgang mit Hunden bestimmt. Kynos Verlag, 2004.